DESIGN OF LANDSCAPE EXHIBITION

展览性园林设计

曹福存　张朝阳　　著

中国建筑工业出版社

图书在版编目（CIP）数据

展览性园林设计/曹福存等著. — 北京：中国建筑工业
出版社，2015.12

ISBN 978-7-112-18722-5

Ⅰ.①展… Ⅱ.①曹… Ⅲ.①园林设计 Ⅳ.①TU986.2

中国版本图书馆CIP数据核字（2015）第278302号

责任编辑：杨　琪
责任校对：刘　钰　关　健

展览性园林设计

曹福存　张朝阳　　著

*

中国建筑工业出版社出版、发行（北京西郊百万庄）
各地新华书店、建筑书店经销
北京京点图文设计有限公司制版
北京方嘉彩色印刷有限责任公司印刷
*

开本：787×1092 毫米　1/16　印张：10½　字数：232千字
2016年4月第一版　2016年4月第一次印刷
定价：59.00元
ISBN 978-7-112-18722-5
　　　（27983）

PREFACE
前言

　　我国自 1999 年 5 月在云南昆明举办世界园艺博览会以来，先后于 2006 年在沈阳、2011 年在西安、2013 年在锦州、2014 年在青岛等地相继举办了不同类别的世界园艺博览会，各级别、各类型的园林、园艺博览会在我国日益发展起来，规模也越来越大。

　　除了举办世界园艺博览会以外，我国还有 3 种不同形式的全国性园林（园艺）博览会，即由住房和城乡建设部主办的中国国际园林花卉博览会（简称"园博会"）、由中国花卉协会主办的中国花卉博览会（简称"花博会"）和由全国绿化委员会主办的中国绿化博览会（简称"绿博会"）。我国自 1997 年在大连举办第一届中国国际园林花卉博览会（简称"园博会"）以来，已经先后在南京、上海、广州、深圳、厦门、济南、重庆、北京等地举办了九届园博会；自 1987 年在北京全国农业展览馆举办中国花卉博览会（简称"花博会"）以来，已经先后在上海、广东顺德、四川成都、北京顺义、山东青州等地举办了七届花博会；绿博会第一、二届分别在江苏南京，河南郑州成功举办，第三届于 2015 年 9 月在天津市武清区举办。

　　除此以外，我国每年在不同城市、不同时间还相继举办菊花展、牡丹花展、盆景展等专类展览以及重大事件庆典（如运动会）、重要节日庆典的摆花布景等活动，还有自 1985 年开始举办的中国哈尔滨国际冰雪节，以及自 1999 年以来举办各届中国舟山国际沙雕节等由艺术品构成的主题性展览，拓展了展览性园林的内容，同时也说明展览性园林设计已经显得越来越重要。

　　本书的编写工作正是在这种背景下开始进行的。通过对世界园艺博览会和我国举办的不同级别、不同形式的园林（园艺）博览会等的产生、发展现状、分类等的梳理，以及在对展览性园林元素、空间形态构成等分析基础上，进一步说明展览性园林设计的方法和要点，力求系统性、艺术性和实用性结合，做到图文并茂，深入浅出。由于本人知识的局限性，可能在很多地方存在着一些不足和缺陷，恳请读者和同行给予批评指正。

编者

2015 年 04 月于大连

Contents
目 录

4

肆·展览性园林的构成元素及其应用

5

伍·展览性园林的布局设计

6

陆·展览性园林的空间设计

1

THE PRODUCTION AND DEVELOPMENT
OF LANDSCAPE EXHIBITION

壹 · 展览性园林的产生及其发展

一、展览性园林的产生及发展历程

二、展览性园林的发展现状

The Production and Development of Landscape Exhibition

展览性园林的
产生及其发展

图 1-1：2012 年玛雅时期用于祭祀的金字塔及附属设施
图片来源：http://www.tupain58.com

一、展览性园林的产生及发展历程

　　任何事物的产生都是一个时代的产物，展览性园林这一特殊类型的园林形式也是伴随着人类展览性活动的产生而发展至今的。从农业文明时期最原始的祭祀仪式（如图 1-1），到展览器物的商品集市的产生；从工业文明时期因科学技术的发展而进行物资交流和展示文明成果的万国工业博览会，到综合性的世界园林（园艺）博览会的举办；从信息时代（或后现代）

的生态文明时期生态环境的变化，到人们对生活环境与自然和谐为主题的综合性园林（园艺）展览，展览性园林走过了从萌芽到成熟、从无序到有序、从单一到多样、从简单到综合的漫长发展历程。

1）农业文明时期展览性活动产生及其发展

　　远古时代，特别是在原始社会和奴隶社会时期已经有展览空间的形态出现，例如图腾崇拜、树碑立柱和祭祀鬼神活动等（图1-2），就已经体现出了原始的展览形式。

欧美展界普遍认为现代展览会起源于集市。在古代农耕社会，随着人类社会的发展，经济的进步，人类生产的产品内容的逐渐丰富，交换变得越来越频繁，规模也不断扩大，人们往往在庆贺丰收、宗教仪式、欢度节日里展开交易活动，后来逐渐发展成为定期的、有固定场所的、以满足人们生产生活需要的物资进行交换或者单一商品买卖为目的的大型贸易及展览的集市（图1-3），形成了商品展览的雏形。

集市基本具备了早期展览会的特征。集市组织形式是自然、松散的，规模一般比较小，具有浓厚的农业社会的特征。欧洲大陆文字记载最早的集市是公元前710年靠近法国巴黎的圣丹尼集市。集市是自然形成的，但是到了一

图1-2：公元前2300年左右建造的英国"巨石阵"遗址
图片来源：作者拍摄

图1-3：公元前1-2世纪古罗马集市遗址
图片来源：http://lvyou.baidu.com

图1-4：北宋·张择端《清明上河图》局部
图片来源：http://www.nipic.com

定程度后，欧洲各国政府开始对集市进行管理和控制，许多现代文明的欧洲大型综合展览会都是在这个时期建成的。

公元5世纪，波斯国王为了震慑邻国炫耀本国的财力物力，以陈列财务的形式举办了第一个超越集市功能的展览会。始建于1165年的德国莱比锡博览会，号称最古老的博览会。德国在1240年经王室授权之后又举办了法兰克福博览会，这些博览会的主要作用在于构成了社会商品交换的主要形式和渠道。在中国历代的开放港口、贸易中心，凡是商业活动发达的地方，展览活动也必然活跃。我国北宋年间定期举行庙会，商人们把商品集中到某个区域设摊摆卖，形成商品交易的高潮，而庙会的实质就是现在所说的商品交易会，只是形式更为原始。如《清明上河图》（图1-4）中，店铺门楣上的金漆牌匾和旗幡等都是在向过往的人们传递信息。

在集市上商品被放置在地上并按类划分陈列，后来出现了专门摆放物品的摊床。在那个阶段，集市上销售的产品主要有牲畜、祭祀用品、陶器、铁器等物品，某些展品还会有钟鼓音乐、歌舞等相互配合着出现，这是最早的多样化的展览艺术形式，因此，展览性设计从古代就是展品多样化，物质和精神相互交织、多元化发展的。

2）工业文明时期展览性园林的发展

自 18 世纪 60 年代英国的工业革命开始，人类进入一个崭新的时代，随着新技术和新产品的不断出现，人们逐渐开始举办和集市相似，但以宣传、展出新产品和成果为目的的非贸易性展览会。如在 1791 年，捷克首都布拉格首次举办了只展不卖的"集市"。随着人们关注的重点从商品交换、买卖关系转为对文明进程展览和对理想的企盼，规模较大的集市的功能也从单一的商品买卖逐步扩展为生产技术（物资）的交流和文明成果的展览，这样的集市被称作博览会。1798 年，法国在巴黎举办了第一次国内工业博览会。法国博览会的成功使得欧洲其他国家纷纷效仿：1820 年在比利时根特、1829 年在俄国莫斯科、1834 年在德国柏林等都相继举办了不同形式的博览会。

18 世纪晚期，欧洲经济得到了迅速发展，当时欧洲国家的启蒙运动，不仅带来了政治和文化的创新，也带来了自然科学研究的苏醒，大众对植物的兴趣增加，各种收集和展览植物的活动开始增多。许多热爱植物的人们开放他们的温室和花园，向人们展览园艺和园林。在植物研究和展览升温的趋势下，各国纷纷建立植物协会、基金会。如 1804 年英国成立了皇家园艺协会；1809 年比利时成立了农业植物协会；1822 年德国皇家普鲁士州成立了园艺促进协会，这个组织后来成了德国园艺协会。这些都为日后园艺活动的开展和组织奠定了一定的基础。

1809 年比利时举办了欧洲历史上第一次以园艺为主题的大型园艺展，吸引了大批国内外的参观者，影响巨大。这次展览可看作是现代展览性园林的初步形态，从此形成了园林展览的初步观念。

19 世纪中叶，是英国资本主义社会发展的鼎盛时期，工业革命的完成和殖民主义的扩张，使英国成为欧洲乃至全世界的头等强国。为了显示其伟大和自豪，英国于 1851 年在伦敦海德公园举办了首届世界博览会——"水晶宫"世博会（图 1-5），开创了展览设计的历史新纪元。

图 1-5：1851 年英国"水晶宫"万国工业博览会展园
图片来源：http://www.quanjing.com

图 1-6：1907 年德国．曼海姆国际艺术与园林展上莱乌格设计的花园
效果图
图片来源：http://www.docin.com

图 1-7：1907 年德国．曼海姆国际艺术与园林展上贝伦斯
（P. Behrens）设计的园林
图片来源：王向荣．《关于园林展》

图 1-8：1925 年巴黎"国际现代工艺博览会"上的瑙勒斯花园
图片来源：http://wenku.baidu.com

图 1-9：1925 年巴黎"国际现代工艺博览会"斯蒂文斯设计的花园
图片来源：http://wenku.baidu.com

　　自此，人类社会的交流形式完成了从低级阶段初级产品的简单交易到工业时代的技术交流和文明成果展览的重大转变。

　　自 1809 年比利时举办了欧洲历史上第一次以园艺为主题的大型园艺展以后，展览性的花园随着博览会的出现而不断产生。1853 年美国纽约举办了第二届世界博览会，展览内容也有较大突破，开辟了伦敦世界博览会上没有的农业部分；1855 年法国在巴黎举办了第三届世界博览会，首次展览了混凝土、铝制品和橡胶。早期的综合性或专业性的博览会中也有园林展览的内容，1883 年，荷兰阿姆斯特丹国际博览会就是首次以园艺为主题的专业性博览会，展现荷兰和世界各国的园艺技术发展，展期达100 天。此次展览会也被园林界人士普遍认为

是首届世界性园艺博览会。继荷兰的园博会展出后，德国于 1887 年和 1896 年分别在德累斯顿和汉堡举办了国际园林展，将专业展览、商业利益以及公众的活动结合在一起。1907 年，德国曼海姆市为纪念建城 300 周年，举办了大型国际艺术与园林展览，成了德国园林展的里程碑（图 1-6、图 1-7）。1925 年巴黎举办的"国际装饰艺术及现代工艺博览会"也包括了一些花园的展览（图 1-8 ～图 1-14），这些作品大多表现大胆的创新精神，充满了对未来生活和美好艺术的向往。正是基于这样的综合背景，以园林园艺展览为主题内容的园林展和园林节开始诞生，使园林展逐渐发展成为具艺术性、专业性的专业展览（图 1-15）。

　　自第二次世界大战以后，各种专题性和综

合性的博览会、展览会逐渐增多，并在其影响下，以交易为目的的各类展览、展销、交易活动风靡全球。展览活动不再是单纯的展体构成，已扩展到博览、商业、环境、生活娱乐等一切人文活动，展览性园林也由单一向多元化，由简单向综合方向发展（图 1-16～图 1-18）。

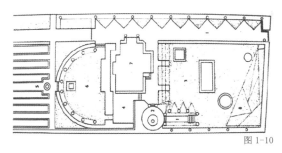

图 1-10、图 1-11：1925 年巴黎"国际现代工艺博览会"上雷格莱恩设计的泰夏德花园平面与效果
图片来源：http://wenku.baidu.com

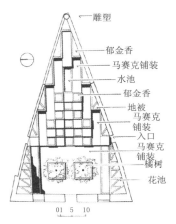

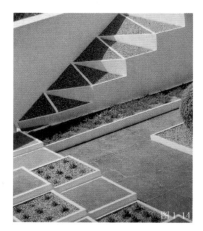

图 1-12～图 1-14：1925 年巴黎"国际现代工艺博览会"古艾瑞克安设计的 Noailles 别墅花园平面及效果
图片来源：http://wenku.baidu.com

图 1-15：1934 年切尔西花展（Chelsea Garden Show）现场
图片来源：http://wuwei1101.popo.blog.163.com

图 1-16：1959 年瑞士园艺博览会
图片来源：《中国园林》2006.01

图 1-17：1964 年切尔西花展（Chelsea Garden Show）现场
图片来源：http://wuwei1101.popo.blog.163.com

图 1-18：1969 年德国园林展，恩格贝格设计
图片来源：http://www.docin.com

3）生态文明时期展览性园林的发展

经历了三百年的工业文明后人类进入了保护和建设美好生态环境的生态文明阶段，1974 年 5 月 4 日～11 月 3 日在美国斯波坎举办了世界博览会，主题为"环境，无污染的进步"，第一次触及了国际社会面临的工业文明给人类带来的最严重问题——"环境保护"，并且 1974 年 6 月 5 日，在斯波坎世界博览会规定了第一个世界环境日。从此，人们开始更加关注生态环境问题，展览性园艺博览会的主题也逐渐由工业、科技向可持续、能源和自然方向转化，体现了生态文明时期人们对生活环境的诉求（图 1-19～图 1-22）。

图 1-19：1983 年德国慕尼黑国际园艺博览会——西园
图片来源：http://www.docin.com

图 1-20：1993 年德国斯图加特国际园艺博览会
图片来源：王向荣．《关于园林展》

图 1-21：1997 年德国普里迪克与弗雷瑟设计的 Nordsterm 园林展
图片来源：http://www.docin.com

图 1-22：2000 年奥地利 Graz 举办的 IGA 花园展
图片来源：王向荣．《关于园林展》

二、展览性园林的发展现状

现在世界上主要有3种不同级别的园林展，第一种是国际园艺、花卉节或博览会（Garden/Flora festival/exposition），是由位于荷兰海牙的国际园艺生产者协会（International Association of Horticultural Producers，AIPH/IAHP）组织机构认定并由国际展览局（BIE）批准的，在世界各地每年只有一个国家举办的国际园艺博览会（在每个国家有不同的名称）。按照参展规模、展出面积以及时间长短等，将展览分为 A1、A2、B1、B2 四种。其中只有A1类由国际园艺家协会（AIPH）批准并经国际展览局（BIE）注册，其他A2、B1、B2 三类只由国际园艺生产者协会（AIPH/IAHP）批准不必经国际展览局（BIE）注册就可以举办。例如：1999年昆明世界园艺博览会（图1-23）就是由AIPH批准并经国际博览局注册的专业性A1类展览。会期通常为6个月，国际展览机构中的88个成员国都可以通过严格的申办手续，在每隔10年以上的时间举办一次这种园艺博览会。但是后来的2006年沈阳（图1-24、图1-25）、2011年西安（图1-26、

图 1-23：1999 年中国昆明世界园艺博览会
图片来源：http://bbs.hnehome.net

图 1-27）、2013 年锦州（图 1-28、图 1-29）、2014 年青岛等世界园艺博览会（图1-30～图1-32）都是A2＋B1类，都是经荷兰海牙的国际园艺生产者协会（AIPH/IAHP）批准，不经国际博览局注册批准的展览会。未来 2016 年唐山世界园艺博览会也是A2＋B1类。值得说明的是，2013年中国·锦州世界园林博览会是首次由国际风景园林师联合会（IFLA）批准，由国际园艺生产者协会（AIPH/IAHP）支持的世界园艺博览会。世界园艺博览会是世界各国园林园艺精品、奇花异草的大联展，是以增进各国的相互交流，集文化成就与科技成果于一体的规模最大的博览会。

图 1-24：2006 年中国沈阳世界园艺博览会
图片来源：http://www.quanjing.com

图 1-25：2006 年中国沈阳世界园艺博览会
图片来源：http://2fwww.china-up.com

图 1-26：2011 年中国西安世界园艺博览会
图片来源：http://shanxi.sinaimg.cn

图 1-27：2011 年中国西安世界园艺博览会
图片来源：http://www.expo2011.cn

图 1-28：2013 年锦州世界园林博览会
图片来源：锦州世博园《全景图文集》

图 1-29：2013 年锦州世界园林博览会
图片来源：锦州世博园《全景图文集》

图 1-30、图 1-31：2014 年青岛世界园艺博览会
图片来源：http://www.mafengwo.cn

图 1-32：2014 年青岛世界园艺博览会香
港园
图片来源：http://www.ynly.gov.cn

另外一种园林展览是由国家举办的，一个城市承办的，规模大小与时间长短不一，主题和主要内容也有所侧重，有的也带有一定的国际性质。例如：自 1951 年起，德国每隔两年举办一次的联邦园林展（Bundsgartenschau，简称 BUGA），至今已经举办了 28 届（图 1-33）。自 1992 年起，法国每年在巴黎西南部的小镇 Chaumont 举办国际花园展，至今已经举办了 14 届。自 2000 年起加拿大魁北克省每年在 Metis 市举办国际花园展（International Garden Festival），至今已举办了 6 届。自 1984 年利物浦国际园林博览会后，英国分别在 Stokeon-Trent（1986 年）、Glasgow（1988 年）、Gateshead（1990 年）、Ebbw Vale（1992 年）举办了园林展（Garden Festival）。每年春天英国皇家园艺学会（Royal Horticultural Society）都在伦敦举办切尔西花展（Chelsea Flower Show）

图 1-35：2013 年英国汉普顿花展
图片来源：http://www.ihuawen.com

图 1-33：2011 年德国联邦园林展览会
图片来源：http://blog.sina.com.cn

（图 1-34），夏天在汉普敦宫殿举办汉普顿宫殿花展（Hampton Court Place Flower Show）（图 1-35），至今已分别举办了 83 届和 15 届。两个展览的展期都只有一周左右，主要展览园艺的成果，包括临时性的小花园。此外还有澳大利亚墨尔本的国际花卉园艺展（Melbourne International Flower and Garden Show（MIFGS））（图 1-36），葡萄牙的蓬蒂·迪利玛国际花园展（The Pontede Lima International Garden Festival）等。

图 1-34：1950 年英国切尔西花卉园艺展会现场
图片来源：http://wuwei1101.popo.blog.163.com

图 1-36：2014 年澳大利亚墨尔本国际花卉园艺展
图片来源：http://www.mafengwo.cn

图 1-37：1927 年民国时期的故宫博物院
图片来源：http://blog.sina.com.cn

图 1-38：1960 年代的青岛水族馆
图片来源：http://i.hiao.com

图 1-39：民国时期的上海市博物馆
图片来源：http://blog.sina.com.cn

第三种级别的展览是由一个或几个国家的区域、州（省）举办，由一个或两个城市承办的区、州（省）园林展。如德国的 16 个州都有自己的园林展。法国里昂于 2004 年成功地举办了街道园林展（Festival des Jardins de rues），2006 年 6 月至 10 月还在该城市举办了主题为"城市"的园林展。瑞士洛桑于 1997 年和 2000 年各举办了两届园林展。

我国正式的展览会和博物馆是在清朝末年开始的。1905 年在南京举办了我国第一届博览会，1919 年开放了故宫博物院（图 1-37），从 1920 年起，我国开始营造博物馆和展览馆，1934～1937 年，青岛水族馆（图 1-38）、上海博物馆（图 1-39）和南京博物馆正式建成，并在南京博物馆举办了"中国建筑展览会"，共展出古代及近代建筑模型、图纸、材料和工

具等 1000 余件。

目前，我国的园林展有国家级和省级两个层面。国家级的全国性园林（园艺）展现在有 3 种形式：即由建设部主办的中国国际园林花卉博览会（简称园博会）（图 1-40、图 1-41）、由中国花卉协会主办的中国花卉博览会（简称花博会）（如图 1-42）和由"全国绿化委员会"主办的中国绿化博览会（简称绿博会）（图 1-43）。

我国园博会于 1997 年创办，已分别在大连、南京、上海、广州、深圳、厦门、济南、重庆、北京等地举办了九届，2015 年第十届园博会将在武汉举办。花博会自 1987 年举办以来，已经历了八届。绿博会举办时间较晚，自 2005 年开始已举办了两届（详见表 1-1）。尽管园林（园艺）展在中国的历史并不长，但

图 1-40：2007 年第六届中国（厦门）国际园林博览会
图片来源：http://blog.sina.com.cn

图 1-41：2013 年第九届中国（北京）国际园林博览会
图片来源：http://dp.pconline.com.cn

图 1-42：2009 年第七届中国（北京）花卉博览会
图片来源：http://pic.feeyo.com

图 1-43：2010 年第二届中国（郑州）绿化博览会
图片来源：http://dp.pconline.com.cn

我国历届"园博会""花博会""绿博会"展览信息统计表　　　　表 1-1

	时间	地点	主题	备注
中国国际园林花卉博览会	1997	辽宁大连	微型园艺、插花、微型景观	第一届园博会
	1998	江苏南京	城市与花卉—人与自然的和谐	
	2000	上海	绿都花海—人城市自然	
	2001	广东广州	生态人居环境 - 青山碧水蓝天花城	
	2004	广东深圳	自然家园美好未来	
	2007	福建厦门	和谐共存传承发展	
	2009	山东济南	文化传承科学发展	
	2011	重庆	园林，让城市更加美好	
	2013	北京	绿色交响盛世园林	
	2015	湖北武汉	生态园博，绿色生态	
中国花卉博览会	1987	北京（全国农业博览馆）		19 个省花协和 400 多个单位参展
	1989	北京（全国农业展览馆）		首次有境外单位参展
	1993	北京（全国农业展览馆）		境外 9 个国家和地区组团参展
	1997	上海长风公园		参观人数突破百万
	2001	广东顺德陈村花卉世界		31 个省、自治区、直辖市及港、澳、台全部组团参展
	2005	四川成都		
	2009	北京顺义山东潍坊、青州		
	2013	江苏常州	幸福像花儿一样	
中国绿化博览会	2005	南京	以人为本——携手共建家园	
	2010	河南郑州	以人为本，共建绿色家园	
	2015	天津		

发展迅速，短短几年内，中国已成为世界上每年举办园林（园艺）展览次数较多的国家之一。

除以上国家级的3种形式展览性园林之外，一些省份也有自己的园林园艺方面的博览会，规模相对较小。展园从开始的利用原有的公园举行，到适当新建展园。例如：江苏省园艺博览会自2000年开始，分别于南京、徐州、常州、淮安、南通举办了5届园林展（图1-44、图1-45）。而河北、福建、山东、河北、广西等省区也都有自己的园林展（图1-46～图1-49）。

在我国还有大量的地区政府或组织举办的园博会，例如：上海园林园艺博览会、郑州园林园艺博览会等。相对于国家级大型的园林园艺展，地方性的园林展在活动内容上更加丰富，也更加贴近市民生活。

图1-44：2003年第三届"江苏省（常州）园艺博览会"
图片来源：http://www.jscin.gov.cn

图1-47：2011年第二届"福建（漳州）海峡两岸现代农业博览会"
图片来源：http://dp.pconline.com.cn

图1-45：2007年第五届"江苏省（南通）园艺博览会"
图片来源：http://www.jscin.gov.cn

图1-48：2012年第四届"山东省城市园林绿化（临沂）博览会"
图片来源：http://www.jscin.gov.cn

图1-46：2012年第一届河北省园林博览会
图片来源：http://www.jinshijie.cn

图1-49：2013年第三届"广西壮族自治区（南宁）园林博览会"
图片来源：http://wap.ngzb.com.cn

2

THE CONTENT AND CLASSIFICATION
OF LANDSCAPE EXHIBITION

贰·展览性园林的内容及分类

The Content And Classification of Landscape Exhibition

贰

展览性园林的
内容及分类

图 2-1：2012 年国庆期间北京天安门广场 "祝福祖国" 巨型花坛
图片来源：http://sunshine.zstu.edu.cn

一、展览性园林的内容

对于展览性园林这一概念是基于对园林（园艺）展作为 "临时性景观"（图 2-1）和世博会作为 "事件性景观" 的概念的理解而提出的。无论 "临时性" 还是 "事件性" 都存在空间营造的问题，我们在此不是分析事件本身，而是想探讨这种园林类型作为一种 "临时性、事件性" 空间类型的设计方法和设计特点。展览性园林应该从狭义和广义两个角度来

进行理解。

狭义的展览性园林可以直接理解成各种园林园艺全方位的专业展览，最具代表性的就是国际级的世界园艺博览会，简称为 "园博会"，也被称为园林展（Garden Show）或园林节（Garden Festival），是以园林园艺为主题的展览会。例如：我国 1999 年在云南昆明举行的世界园艺博览会，以及 2006 年在沈阳、

2011 年在西安、2013 年在锦州、2014 年在青岛等地相继举办的不同类别的世界园艺博览会。

前文提过，除了国际级的世界园艺博览会（图 2-2）以外，我国还有 3 种不同形式的全国性园林（园艺）展，即由建设部主办的中国国际园林花卉博览会（简称园博会）（图 2-3、图 2-4）、由中国花卉协会主办的中国花卉博览会（简称花博会）（图 2-5、图 2-6）和由全国绿化委员会主办的中国绿化博览会（简称绿博会）（图 2-7）。

图 2-2：1999 年中国（昆明）世界园艺博览会
图片来源：http://www.chinadaily.com.cn

图 2-5：1997 年第四届上海长风公园花博会
图片来源：www.1677.cn

图 2-3：1997 年中国（大连）第一届园博会
图片来源：www.chla.com.cn

图 2-6：2009 年第七届北京顺义花博会开幕式
图片来源：http://www.eorchid.cn

图 2-4：2000 年中国（上海）第三届园博会
图片来源：http://bjgoldkey.blog.163.com

图 2-7：2005 年中国（南京）第一届绿博会中的绿博园
图片来源：http://attach.bbs.miui.com

图 2-8：2010 年荷兰第 61 届库肯霍夫国际花卉展
图片来源：http://www.yododo.com

图 2-9：2013 年英国某小镇公园内的花卉展
图片来源：http://blog.sina.com.cn

狭义的展览性园林的主要形式在欧洲和我国有所不同。相对于以主题花园、家庭园艺花园、各种花卉展览、公共艺术展览、园林材料和设施展览、园林技术展览、温室植物展览等为主的欧洲园林展来说（图 2-8 ～图 2-11），在我国园博会中基本没有家庭主题花园的展览，主要采取室内展馆与室外展馆相结合、专题展园与国内外展园相结合的方式进行规划布局。除了花卉植物的室内、室外展览外，多以省市、地区展园为主，大部分都是室外展园，有国际展园（图 2-12、图 2-13）、主题园（图 2-14、图 2-15）、国内城市展园（图 2-16、图 2-17）、大师园（图 2-18）、企业园（图 2-19）等，其中国内城市展园是园博会最重要的一部分内容，这些城市展园多以象征和符号的手段，表达地方的历史与文化。在展会期间，除了展览园林园艺，还将提供专业人员学术交流的机会，开设学术论坛、组织学术交流，促进行业发展和进步。

除此之外，展会上还会开展一些和园林有关的文化、艺术活动，增加参与性吸引更多游客。园博会在一定程度有着宣传和教育的意义，参观者多以一种猎奇的心态来看待园林展，把参观园林展看作一次风景旅游或节日聚会。

图 2-10：2012 年英国切尔西花展上的庭院设计
图片来源：http://blog.sina.com.cn

图 2-11：2012 年英国"伊甸园"温室花卉展
图片来源：http://p.chanyouji.cn

图 2-12：2013 年北京园博会上的"欧洲展园"
图片来源：作者拍摄

图 2-16：2014 年青岛世园会"国内城市展园"——上海园
图片来源：作者拍摄

图 2-13：2014 年青岛世园会"国际展园"——泰国馆
图片来源：作者拍摄

图 2-17：2013 年北京园博会"国内城市展园"——杭州园
图片来源：作者拍摄

图 2-14：2011 年西安世园会上的"航天科技主题园"
图片来源：http://www.spacechina.com

图 2-18：2013 年北京园博会"大师园"中彼得·沃克设计的"有限与无限"
图片来源：http://www.youthla.org/2013/06/

图 2-15：2014 年青岛世园会竹藤协会的"竹藤主题展园"
图片来源：作者拍摄

图 2-19：2011 年西安世界园艺博览会上的"企业园"——绿地生态科技馆
图片来源：《全景世园——2011 年西安世界园艺博览会》

广义的展览性园林除了狭义的展览性园林范畴外，还应该包括室外空间由花卉和艺术品构成的一切展览性空间形式，或者由艺术品构成的主题性展览也应属于展览性园林范畴。例如：每年在我国北方城市举办的国际冰雪节（图 2-20、图 2-21）、洛阳牡丹文化节等专类花卉展（图 2-22、图 2-23）、舟山等地举办的国际沙雕节（图 2-24、图 2-25）、《蓝色空间》雕塑展（图 2-26）、上海静安国际雕塑展（图 2-27）以及分布在全国各地的植物造型展（图 2-28、图 2-29）、各类盆景展、重大事件等花卉展（图 2-30），还有目前我国房地产开发商售楼处的临时性园林（图 2-31、图 2-32）都属于广义的展览性园林。

图 2-20：2011 年第二十七届中国（哈尔滨）国际冰雪节
图片来源：http://imgo.ph.126.net

图 2-23：2012 年河南开封菊花展
图片来源：http://www.photofans.cn

图 2-21：2012 年第一届中国（鄂尔多斯）冰雪节
图片来源：http://image.baidu.com

图 2-24：2005 年第七届中国（舟山）国际沙雕节
图片来源：http://tb.dsz.cclcgibin

图 2-22：2014 年第三十二届中国（洛阳）牡丹文化节
图片来源：http://www.mafengwo.cn

图 2-25：2013 年第六届中国（威海）沙雕文化艺术节
图片来源：http://ocean.china.com.cn

图 2-26：2008 年中国（北京）"蓝色空间"主题雕塑展
图片来源：http://www.diaosu.cn

图 2-30：2011 年国庆节北京天安门前花卉展
图片来源：http://www.yf.net.cn

图 2-27：2014 年中国上海静安国际雕塑展
图片来源：http://p.gmw.cn

图 2-28：2013 年上海世纪公园内植物造型展
图片来源：http://www.mafengwo.cn

图 2-31：2012 年惠州某房产售楼处景观
图片来源：http://www.tujiajia.cn

图 2-29：2012 年上海世纪公园植物造型展
图片来源：http://www.mafengwo.cn

图 2-32：2013 年大连某售楼处门前临时性景观
图片来源：http://epaper.hilizi.com

二、展览性园林的分类

展览性园林根据其内容可分为狭义性和广义性两大类别。

狭义的展览性园林可以直接理解成各种园林园艺全方位的专业展览。主要包括国际级的各类别世界园艺博览会（图2-33）、世界各国家级（图2-34、图2-35）和省市级的园林园艺展览会（图2-36、图2-37）。关于展览会的形式和内容在第一节展览性园林的内容已有详细说明。

图2-33：1999年中国（昆明）世界园艺博览会
图片来源：http://dp.pconline.com.cn

图2-34：2012年英国切尔西花展
图片来源：http://forum.xitek.com

图2-35：2011年奥地利（图伦）第58届国际园艺展
图片来源：http://news.xinhuanet.com

图2-36：2012年河北省第一届园林博览会
图片来源：http://blog.sina.com.cn

图2-37：2007年第五届江苏省园艺博览会
图片来源：http://www.jscin.gov.cn

图 2-38：2009 年国庆 60 周年菊花展
图片来源：http://www.nipic.com

　　广义的展览性园林有着不同的分类方式
和角度，例如可以按展览时间的长短来分类，
也可以按展览规模来分类，或者按展览内容
来分类。本书作者根据展览内容、主题、形
式和规模，把广义的展览性园林可分为庆典
展览（图 2-38）、商业展览（图 2-39）、人文
展览（图 2-40）和综合展览（图 2-41）四类。

1）庆典展览

　　国内外许多重大事件或重要节日举行庆

图 2-40：2012 年中国（开封）第三十届菊花文化节
图片来源：http://sunshine.zstu.edu.cn

图 2-39：2009 年天津商业街文化主题雕塑展
图片来源：http://sunshine.zstu.edu.cn

图 2-41：2013 年锦州世界园林博览会
图片来源：锦州世博园《全景图文集》

图 2-42：2013 年某城市大型展会开幕式现场
图片来源：http://sunshine.zstu.edu.cn

图 2-44：2014 年第二届夏季青年奥林匹克
运动会开幕式
图片来源：http://www.northnews.cn

典、礼仪活动时，基本上都要在重要场所进行庆典的展览设计。庆典作为一个企业、城市乃至国家文化展览的手段，需要选择较为特殊、具有典型特性的场地，例如：城市中心广场、大型城市中心会场（图 2-42）、滨水滨河等地带或具有代表某种标志性的城市公共景观场所。大型节日庆典（图 2-43）、城市文化主题年、游园活动及灯、一些大型运动会的开幕式（图 2-44）、闭幕式等都属于庆典展览设计的范畴。例如：我国在国庆节期间，各城市的主要场所都有花卉摆设、植物造型等展览性园林形式出现，用来营造节日的喜庆气氛。目前一些现代化的大型节庆活动则更是结合了现代科技的各个领域技术的综合性设计，例如激光广告、烟雾焰火（图 2-45）、电子科技等。

庆典展览设计一般情况下都要求有一个符合其内容气氛的环境，例如：会徽（图 2-46）、彩灯旗帜（图 2-47）、绿植花卉（图 2-48）、花车展演（图 2-49）、仪仗队、文艺表演、激光、烟雾焰火等。在天坛祈年殿前为 2008 年北京奥运会会徽"中国印 - 舞动的北京"举办的揭幕庆典（图 2-50）活动中，把天坛公园圜丘台变成"五排跑道"，象征着"五环"，就是一次将中国传统文化与现代奥林匹克精神的完美结合的展览。庆典展览主要体现了展览性园林的临时性、事件主题性、艺术性等。

图 2-43：2006 年河北沧州春节节庙会庆典
图片来源：http://sunshine.zstu.edu.cn

图 2-45：2008 年北京奥运会开幕式焰火表演
图片来源：http://www.nipic.com

图 2-46：1990 年北京亚运会徽
图片来源：http://image.baidu.com

图 2-47：2013 年某地商场贺新年彩灯
图片来源：http://image.baidu.com

图 2-48：2012 年国庆北京天安门广场巨型花坛
图片来源：http://sunshine.zstu.edu.cn

图 2-49：1999 年国庆节上天安门前的花车表演
图片来源：http://www.chinanews.com

图 2-50：2003 年天坛祈年殿第 29 届奥运会会徽发布仪式
图片来源：http://image.baidu.com

图 2-51：2014 年上海新天地创意橱窗展《镜廊》
图片来源：http://www.wtree.cn

图 2-52：2013 年哈尔滨"中央大街"商业步行街
图片来源：http://www.architbang.com

2）商业展览

商业展览的形式有明显的时代特征。主要是为了烘托一种时尚、热闹的购物氛围，激发顾客的购买欲、提供舒适的购买环境而进行的设计。这种商业展览主要集中在购物广场的外环境展览设计（图 2-51）、商业步行街（图 2-52、图 2-53）、地产公司的售楼处（图 2-54、图 2-55）的外环境设计等场所。商业展览主要突出了科技性和时尚性，尤其是新材料和新技术的应用。

商业展览形式具有强烈的视觉冲击力和感染力，可灵活操作（图 2-56～图 2-60）。

图 2-53：2014 年上海新天地创意橱窗展《秘密花园》
图片来源：http://www.wtree.cn

图 2-54：2012 年重庆市某售楼处外环境设计展览
图片来源：http://www.cnepaper.com

图 2-55：2013 年大连市某售楼处外环境中国风设计展览
图片来源：作者拍摄

图 2-56：2014 年南京市江宁商业街展览的"变形金刚"
图片来源：http://jsnews.jschina.com.cn

图 2-57：2013 年安徽芜湖中山路步行街植物小品展览
图片来源：http://sunshine.zstu.edu.cn

图 2-58：2014 年某步行街婚纱影楼户外主题雕塑
图片来源：http://sunshine.zstu.edu.cn

图 2-59：2013 年餐饮店门前雕塑展览
图片来源：http://travel.fengniao.com

图 2-60：2011 年大连金地中心商业街
图片来源：http://sunshine.zstu.edu.cn

3）人文展览

人文展览主要包括文化、艺术、历史、科技及主题等方面的展览。这部分内容在第2页中展览性园林内容里关于广义的展览性园林的范畴已经论述过了。如每年举办的中国哈尔滨国际冰雪节等冰雕艺术展（图2-61）、中国舟山国际沙雕节等沙雕艺术展（图2-62）、洛阳牡丹文化节等专类花卉展、上海静安国际雕塑展、《蓝色空间》雕塑展、全国各地的植物造型展、菊花展、盆景展（图2-63）等艺术展和文化节展品展览等。我国的北京"世界公园"（图2-64）、深圳"华侨城"（图2-65）、韩国青瓷文化节（图2-66）、开封"清明上河园"等（图2-67、图2-68）、杭州"宋城"（图2-69）、上海世纪公园（图2-70）、常州"春秋淹城"和"中华恐龙园"（图2-71、图2-72）、西安"大唐芙蓉园"（图2-73）等主题公园在某种意义上来说也应该属于人文展览范畴。人文展览主要体现地域文化、艺术与科技的融合。

图2-63：2013年常州金坛第七届世界盆景展
图片来源：http://www.china.com.cn

图2-64：2011年北京"世界公园"
图片来源：http://www.tcmap.com.cn

图2-61：2012年哈尔滨国际冰雪节
图片来源：http://www.ambafrance-cn.org

图2-65：2011年深圳"华侨城"
图片来源：http://you.ctrip.com

图2-62：2013年舟山国际沙雕节
图片来源：http://www.zjol.com.cn

图2-66：2014年韩国（康津）青瓷文化节
图片来源：http://blog.sina.com.cn

图 2-67：2013 年开封"清明上河园"主题游园
图片来源：http://xinrui.henanci.com

图 2-68：2012 年河北"清明山河图"泥塑园
图片来源：http://www.wzljl.cn

图 2-69：2011 年杭州"宋城"宋文化主题园
图片来源：http://gotrip.zjol.com.cn

图 2-70：2012 年上海世纪公园植物造型展
图片来源：http://www.mafengwo.cn

图 2-72：2011 年江苏常州"春秋淹城"主题遗址公园
图片来源：http://www.wjda.gov.cn

图 2-71：2010 年江苏常州"中华恐龙园"
图片来源：http://www.konglongcheng.com.cn

图 2-73：2013 年西安"大唐芙蓉园"
图片来源：http://www.photofans.cn

4）综合展览

　　本书主要以广义的展览性园林为主进行说明，把综合展览这一类别等同于狭义的展览性园林类别进行阐述。也就是目前在中国各大城市举办的园林园艺博览会、园林节等。主要有三种级别，分别是国际级别的世界园林园艺博览会（图2-74～图2-91）、国家级别（图2-92～图2-101）以及各省市级别的园林园艺博览会（图2-102～图2-105）。详细内容在第二章第一节内容里面已经有详细说明。

　　深入了解展览性园林设计的分类，是为了使设计人员更好地了解不同类别的设计要

把握的要点等专业知识，因为不同种类的室外环境展览空间需要不同的策划和设计手段。

图2-74：1999年中国（昆明）世界园艺博览会
图片来源：http://www.km919.com

图2-75：1999年中国（昆明）世界园艺博览会
图片来源：http://blog.sina.com.cn

图2-76：1999年中国（昆明）世界园艺博览会
图片来源：http://blog.sina.com.cn

图2-77：2006年中国（沈阳）世界园艺博览会
图片来源：http://www.quanjing.com

图2-78：2006年中国（沈阳）世界园艺博览会
图片来源：http://www.nipic.com

图2-79：2006年中国（沈阳）世界园艺博览会
图片来源：http://blog.sina.com.cn

图 2-80：2010 年台北国际花卉博览会
图片来源：http://www.aitupian.com

图 2-81：2010 年台北国际花卉博览会
图片来源：http://www.aitupian.com

图 2-82：2011 年中国（西安）世界园艺博览会
图片来源：http://pp.fengniao.com

图 2-83：2011 年中国（西安）世界园艺博览会
图片来源：http://pp.fengniao.com

图 2-84：2012 荷兰（芬洛）世界园艺博览会
图片来源：http://blog.sina.com.cn

图 2-85：2012 荷兰（芬洛）世界园艺博览会
图片来源：http://blog.sina.com.cn

图 2-86：2013 年中国（锦州）世界园林博览会
图片来源：作者拍摄

图 2-87：2013 年中国（锦州）世界园林博览会
图片来源：锦州世博园《全景图文集》

图 2-88
图 2-89：2013 年韩国顺天湾世界
　　　　园艺博览会
图片来源：http://www.chla.com.cn

图 2-90：2013 年韩国顺天湾世界园艺博览会
图片来源：http://www.forestry.gov.cn

图 2-91：2014 年青岛世界园艺博览会
图片来源：作者拍摄

图 2-92、图 2-93：2011 年第二十届法国卢瓦尔河畔"肖蒙国际花园展"
图片来源：《景观设计学》2011 年第十九期

图 2-94、图 2-95：2011 年奥地利（图伦）国际园艺展
图片来源：http://news.xinhuanet.com

图 2-96 ～图 2-98：2012 年英国切尔西花展
图片来源：http://www.ylsj365.com

图 2-99～图 2-101：2013 年第九届中国（北京）园林花卉博览会
图片来源：作者拍摄

图 2-102：2013 年第八届中国（常州）花卉博览会
图片来源：http://image.baidu.com

图 2-103：2014 年第四届中国广西壮族自
治区园林园艺博览会
图片来源：http://www.mafengwo.cn

图 2-104、图 2-105：2013 年第八届中国江苏省园艺博览会
图片来源：http://bbs.212200.com

3

THE CHARACTERISTIC OF LANDSCAPE EXHIBITION

叁·展览性园林的特点

一、主题性

二、文化性

三、科技性

四、艺术性

五、临时性

六、独立性

The Characteristic
of Landscape Exhibition

展览性园林的
特点

图 3-1：2008 年北京"鸟巢"体育馆前运动主题花卉模纹
图片来源：http://www.tupain58.com

一、主题性

展览性园林，无论是庆典展览、商业展览、人文展览以及大规模的世界园艺博览会等综合类展览，都会有其展览的主题（图 3-1）。"主题性"是展览性园林设计中贯穿始终的宗旨，是一个展览性园林的核心。在展览性园林设计的全过程中，我们必须具备系统的设计理念，将"主题性"贯彻至设计各个方面。

对于庆典展览、商业展览和人文展览一般情况下主题比较单一，围绕一个主题进行展览（表 3-1）；庆典展览的主题性根据庆典活动的主题进行确定，一般和传统文化、地域文化相关联，体现庆典展览的文化性和艺术性。商业展览的主题如果是商业街和购物中心场所是以多样性为主，体现文化的多元化、时尚性。人文展览的主题主要体现展览性园林地域文化和其艺术性（图 3-2 ～图 3-5）。

1999 年昆明世界园艺博览会会徽

1999 年昆明世界园艺博览会吉祥物

2006 年沈阳世界园艺博览会会徽

2006 年沈阳世界园艺博览会吉祥物

2011 年西安世界园艺博览会会徽

2011 年西安世界园艺博览会吉祥物

2013 年锦州世界园艺博览会会徽

2013 年锦州世界园艺博览会吉祥物

2014 年青岛世界园艺博览会会徽

2014 年青岛世界园艺博览会吉祥物

图 3-2：1999、2006、2011、2013、2014 年份世界园艺博览会会徽和吉祥物

舟山国际沙雕节历届主题一览表

表 3-1

类别	时间	次序	主题	备注
中国舟山国际沙雕节	1999 年	第一届	和平与友谊	
	2000 年	第二届	世纪奇观	
	2001 年	第三届	欧洲文明起源	
	2002 年	第四届	世界古代八大奇观	
	2003 年	第五届	丝绸之路	
	2004 年	第六届	至爱永恒	
	2005 年	第七届	走向海洋	
	2006 年	第八届	动漫 Party-- 让海滨度假更浪漫	
	2007 年	第九届	奥运史话	
	2008 年	第十届	世界海岛奇观	
	2009 年	第十一届	未来海洋之城	
	2010 年	第十二届	非洲之旅	
	2012 年	第十三届	沙雕迪士尼	
	2013 年	第十四届	沙雕电影梦幻之旅	
	2014 年	第十五届	蓝色海洋梦	
	2015 年	第十六届	欢乐海洋	

图 3-3：2012 年第十三届舟山国际沙雕节"挚爱永恒"和"沙雕迪士尼"主题作品

图片来源：http://www.zjol.com.cn，http://www.yix360.com

图 3-4：2008 年沈阳市政府广场上大型奥运主题雕塑"腾飞"

图片来源：http://blog.sina.com.cn

图 3-5：2012 年扬州宋夹城遗址公园的"古代军事"主题展

图片来源：http://blog.sina.com.cn

对于综合类别的展览性园林而言，1933年以前的世博会没有明确的主题，均以工业、农业或艺术领域里的成就展览来冠名的，例如：1851年英国伦敦世博会名称为"伦敦万国工业产品博览会"，1855年巴黎世博会名称为"巴黎世界工农业和艺术博览会"等。1933年美国芝加哥世博会是首次以"主题"为核心进行展览的世博会，第一次出现主题——"进步的世纪"，展出了大量新产品，明确提出科技发明和创新将成为今后人类社会进步与发展的主要动力。在此之前，主题的作用只是象征性的，各国分别展览工业成就和国家综合实力。目前，无论是国际级的世界园艺博览会还是国家级、省市级的各种园林园艺全方位的专业展览，基本上每个展会都会有一个或者多个主题（表3-2），主题是每届综合类展览性园林的主旨和亮点，它在一定程度上创造了展览性园林的场所精神，构筑了园林展的核心展览文化，是园区内各个展园务必要遵循的主题精神。

我国举办的五届世园会都体现着人与环境的和谐发展这一主题理念。例如：1999年昆明世园会的主题是"人与自然—迈向21世纪"；2006年沈阳世园会的主题是"我们与自然和谐共生"；2011年西安世园会的主题是"天人长安，创意自然—我们与自然和谐共生"；2013年锦州世园会主题"城市与海，和谐未来"（图3-6、图3-7）；2014年青岛世园会主题"让生活走进自然"。每一届园博会主题的变化反映着人们从园艺的角度关注世界及国内的各方面发展。

图3-6、图3-7：2013年锦州世园会上"城市与海"主题雕塑
图片来源：作者拍摄

世界主要园艺博览会主题信息一览表   表3-2

时间	地点	名称	主题（口号）	等级
1960年	荷兰·鹿特丹	鹿特丹国际园艺博览会	唤起人们对人类与自然相融共生	A1
1963年	德国·汉堡	汉堡国际园艺博览会	—	A1
1964年	奥地利·维也纳	奥地利世界园艺博览会	—	A1
1969年	法国·巴黎	巴黎国际花草博览会	—	A1
1972年	荷兰·阿姆斯特丹	阿姆斯特丹芙萝莉雅蝶园艺博览会	—	A1
1973年	德国·汉堡	汉堡国际园艺博览会	在绿地中度过假日	A1
1974年	奥地利·维也纳	维也纳国际园艺博览会	—	A1
1980年	加拿大·蒙特利尔	蒙特利尔园艺博览会	—	A1
1982年	荷兰·阿姆斯特丹	阿姆斯特丹国际艺博览会	—	A1
1983年	德国·慕尼黑	慕尼黑国际艺博览会	—	A1
1984年	英国·利物浦	利物浦国际园林节	—	A1
1990年	日本·大阪	大阪万国花卉博览会	保护未来生态环境	A1
1992年	荷兰·祖特尔梅尔	祖特尔梅尔国际园艺博览会		A1
1993年	德国·斯图加特	斯图加特国际园艺博览会	自然需要您，您需要自然	A1
1999年	中国·昆明	昆明世界园艺博览会	人与自然——迈向21世纪	A1

时间	地点	名称	主题（口号）	等级
2002 年	荷兰·阿姆斯特丹	阿姆斯特丹世界园艺博览会	体验自然之美	A1
2003 年	德国·罗斯托克	罗斯托克国际园艺博览会	海滨的绿色博览会	A1
2004 年	法国·南特	南特国际花卉博览会	—	A2
2006 ～ 2007 年	泰国·清迈	清迈世界园艺博览会	表达对人类的爱	A1
2006 年	中国·沈阳	沈阳世界园艺博览会	我们与自然和谐共生	A2/B1
2009 年	韩国·安眠岛	安眠岛国际花卉博览会	花，海洋，梦想	A2
2010 年	台湾·台北	台北国际花卉博览会	"彩花、流水、新视界"	A2/B1
2011 年	中国·西安	西安世界园艺博览会	天人长安·创意自然——城市与自然和谐共生	A2/B1
2011 ～ 2012 年	泰国·清迈	清迈世界园艺博览会	环境保护	A2/B1
2012 年	荷兰·芬洛	芬洛莉雅蝶园艺博览会	积极融入自然，改善生活品质	A1
2013 年	中国·锦州	锦州世界园林博览会	城市与海·和谐未来	A2/B1
2013 年	韩国·顺天湾	顺天湾世界园艺博览会	地球村的庭院——顺天湾	A2/B1
2014 年	中国·青岛	青岛世界园艺博览会	让生活走进自然	A2/B1
2016 年	中国·唐山	唐山世界园艺博览会	都市与自然·凤凰涅槃	A2/B1

综合类展览园林的"主题"一般都有"大、小主题"之分（表 3-3）。"大主题"就是整个世园会或国家级、省市级专业展览性园林总的"主题"，"小主题"就是每个小的展园包括专类展园、城市展园等的设计主题，但是"小主题"一定围绕"大主题"进行。每个城市展园的"小主题"通常是与园林展"大主题"相结合，展览丰富的地域文化，传达优美的景观画面，构筑场所精神，表达景观意境（图 3-8 ～图 3-12）。

图 3-9：2014 年青岛世园会上的"北京园"
图片来源：作者拍摄

图 3-8：2014 年青岛世园会上"西藏园"
图片来源：作者拍摄

图 3-10：2014 年青岛世园会上济宁园"儒文化"主题雕塑
图片来源：作者拍摄

图 3-11：2013 年北京园博会四川园"熊猫"主题展览
图片来源：作者拍摄

图 3-12：2013 年北京园博会常德园中"都市桃源"主题展览
图片来源：作者拍摄

图 3-13：2005 年第四届蓝色空间"人与自然构建和谐"主题雕
　　　　塑展
图片来源：http://news.sohu.com

图 3-14、图 3-15：2005 年第四届蓝色空间"人与自然构建和谐"
　　　　　　　　主题雕塑展
图片来源：http://www.tt65.net

青岛世园会各展园小主题信息一览表（部分）　　　表 3-3

大主题	展园类别	名称	小主题	备注
让生活走进自然	中华园	香港园	翡绿色的东方之珠	
		澳门园	宛若莲花静自开	
		西藏日喀则园	品味自然"林卡"	
		江苏园	不经历，怎知春色如许？	
		上海园	快城市里的慢生活	
		北京园	京华雨惠沐新妆	
	国际园	荷兰园	郁郁成金花香来	
		英国园	邂逅浪漫	
		日本东京园	浅草素茶　写意人生	
		德国曼海姆园	在河流的交汇处	
	绿叶园	青啤园	大自然的新鲜之酿	
		绿润园	紫薇传奇	
		万科园	与自然共生	
		国际休闲园	放飞心情　悠然乐活	

图 3-16：2006 年第五届蓝色空间"环境空间与人文奥运"主题雕塑展

图片来源：http://blog.sina.com.cn

图 3-17：2007 年第六届蓝色空间"同在蓝色星球上"主题雕塑展

图片来源：http://blog.sina.com.cn

展览性园林的"主题性"具有明显的时代特征。是根据社会发展进步不断满足人们需求进行主题确定的。早期西方举办的园林展，在农业文明时期人们关注的是园艺植物新品种、园林技术与文化的成就；工业文明时期人们关注的是园林展新技术、新创造。二次世界大战以后，园林展的举办主题多体现为和平时期科学技术和文化艺术飞速发展带来的影响。生态文明时期全球的人们关注地球生存环境，都不约而同地将展览性园林的"主题"确定为对未来环境、人类自身进步、可持续发展等全球热点问题上，主要体现地球人居环境"可持续发展"主题的特点（图3-13～图3-17）。

展览性园林的"主题性"，增加了展览性园林的向心力，成为展览场所精神的重要组成部分，而且使得展览文化更好地得到了表达并深入大众内心（表3-4）。

我国历届国际园博会主题一览表 表3-4

时间	名称	地点	主题
1997	第一届中国（大连）国际园林花卉博览会	辽宁 大连	——
1998	第二届中国（南京）国际园林花卉博览会	江苏 南京	城市与花卉——人与自然的和谐
2000	第三届中国（上海）国际园林花卉博览会	上海	中央公园绿都花海——人·城市·自然
2001	第四届中国（广州）国际园林花卉博览会	广东 广州	生态人居环境——青山·碧水·蓝天·花城
2004	第五届中国（深圳）国际园林花卉博览会	广东 深圳	自然·家园·美好未来
2007	第六届中国（厦门）国际园林花卉博览会	福建 厦门	和谐共存·传承发展
2009	第七届中国（济南）国际园林花卉博览会	山东 济南	文化传承·科学发展
2011	第八届中国（重庆）国际园林花卉博览会	重庆	园林，让城市更加美好
2013	第九届中国（北京）国际园林花卉博览会	北京	绿色交响、盛世园林
2015	第十届中国（武汉）国际园林花卉博览会	湖北 武汉	绿色连接你我、园林融入生活

二、文化性

展览性园林的文化性主要体现在两个方面：一方面是文化对展览性园林设计的影响。文化作为设计创作的源泉，直接影响着设计者的设计理念和方法。这种影响有的是表层的，有的则是深层的；可能是潜移默化的，也可能是自觉的、有意识的。另一方面是展览性园林作为载体，对地域文化符号进行选择、提取、概括、应用，并与现代生活相联系，应用新技术、新材料等结合设计来传承、发展地域文化。

现代展览性园林设计面对文化多元化的今天，如何继承和发扬、探索和融合正是设计者所要追求和探索的。这种尝试和探索往往会对某一时期的社会时尚潮流、人文文化色彩、世界流行趋势等审美创造起到举足轻重的作用。

展览性园林的文化性无论是庆典展览（图3-18）、人文展览（图3-19～图3-21）还是综合展览，都与展览场所的地域文化密切相关。如世界园艺博览会和举办国家、举办城市的历史文化背景密切相关（图3-22），展览会中的国际园（图3-23、图3-24）、城市园（图3-25～图3-29）又和展园参展的国家、城市地域文化相关联，挖掘历史信息与提炼历史文化是世园会地域历史文化展览的一项重要内容。所以综合性园林园艺展实质就是

世界文化多元化在展览性园林方面的融合。

我国地域文化资源丰富，纵观历届国内

图3-19：2013年中国·哈尔滨国际冰雪节
图片来源：http://www.photofans.cn

图3-20：2012年大连国际沙滩文化节
图片来源：http://www.lvyoudalian.com

图3-21：2013年韩国·康津青瓷文化节
图片来源：http://blog.sina.com.cn

图3-18：2014年上海"豫园"新春民俗艺术灯会上的生肖彩灯
图片来源：http://big5.eastday.com

图3-22：2013年韩国顺天湾世园会上传统民族服饰展览
图片来源：http://www.tupain58.com/s

图 3-23：2006 年泰国清迈世园会上的"中国唐园"
图片来源：http://blog.sina.com.cn

图 3-24：2006 年泰国清迈世园会上具有强烈泰国风格的建筑
图片来源：http://blog.sina.com.cn

图 3-25：2014 年青岛世园会上黑龙江园中的"雪花"符号
图片来源：http://www.tupain58.com

图 3-26：2013 锦州世园会葫芦岛园的"古城文化"展览设计
图片来源：作者拍摄

图 3-27：2014 年青岛世园会青海园"彩
　　　　陶文化"
　图片来源：作者拍摄

图 3-28：2014 年青岛世园会四川园"巴
　　　　蜀文化"
　图片来源：作者拍摄

图 3-29：2014 年青岛世园会山西园"晋商文化"
图片来源：作者拍摄

不同城市举办的世园会展园景观特点，就会发现不同的地域文化在展园规划设计中体现得非常明显。例如：昆明世园会展园景观体现的地域文化是具有少数民族特色的云贵文化（图3-30）；沈阳世园会体现的是白山黑水的关东文化（图3-31）；西安世园会体现的是有着周秦汉唐深厚底蕴的秦文化（图3-32）；锦州世园会首次提出打造"海上世博"，体现的是海洋文化（图3-33）；青岛世园会体现的是山、海、城和谐发展的生态文化（图3-34）。

文化是民族的灵魂，文化更是一座城市的灵魂，是塑造城市形象、弘扬城市个性的源泉。目前，我国无论是举办世界园艺博览会还是举办国家级、省市级的园林园艺等综合性园林展都会充分考虑所在城市的地域文化性，大部分都是从城市的特殊历史文化中选择、提取设计元素，展现该城市特有的地域文化，几乎都是文化类花园。因此，文化性也是展览性园林的设计灵魂。

图3-30：1999年昆明世界园艺博览会
图片来源：http://www.zoutu.com

图3-32：2011年西安世界园艺博览会
图片来源：http://www.tupain58.cotml

图3-33：2013年锦州世界园林博览会
图片来源：锦州世博园《全景图文集》

图3-31：2006年沈阳世界园艺博览会
图片来源：http://www.quanjing.com

图3-34：2014年青岛世界园艺博览会
图片来源：作者拍摄

三、科技性

展览性园林形式是伴随着科技性诞生的。因为人们所展览的新技术、新材料都是相应时期最先进的技术产物。无论是 1809 年比利时举办的欧洲第一次大型园艺展上展览的植物新品种，还是 1851 年英国在伦敦海德公园举办的首届世界博览会上出现的"水晶宫"（图 3-35），以及 1889 年在法国巴黎因举办世界博览会而建造的埃菲尔铁塔（图 3-36），都是新技术、新材料的最好展览。1925 年亚美尼亚建筑设计师古埃瑞克安（G.Guevrekian）尝试运用钢、玻璃、混凝土等新材料和先进的光电技术在巴黎的展览会上设计了"光与水的庭院"（图 3-37），这在当时是名副其实的高技术景观，在当时有着巨大的影响。1955 年德国结构工程师 Frei Otto 在卡塞尔联邦园林展上的一个露天剧场中最早应用了张拉膜结构

（图 3-38），开启了张拉膜结构在现在的园林建设中普遍采用的先河。

图 3-37：1925 年巴黎工艺美术博览会上"光与水的庭院"
图片来源：http://www.horizonlandscape.cn

图 3-38：1955 年德国联邦园艺博览会上世界最早的张拉膜结构
图片来源：http://www.mojiego.com

图 3-35：1851 年英国博览会"水晶宫"
图片来源：http://blog.artron.net

图 3-36：1983 年法国巴黎埃菲尔铁塔
图片来源：www.taopic.com

图 3-39：2011 年西安世园会上的构筑物
图片来源：http://bbs.hnehome.net

图 3-40：2013 年北京园博会武汉园的"雨水收集技术"
图片来源：作者拍摄

图 3-41：2011 年西安世园会上的大型音乐喷泉
图片来源：http://image.baidu.com/

　　探索性、艺术性、创新性和新技术新材料的运用是展览性园林永恒的主题。随着时代的进步和科技的高速发展，高科技已经渗透到园林展的各个角落。在科学技术飞速发展的大环境下，愈来愈丰富的技术手段和建造材料在园博会及其各类型展园中呈现（图 3-39）。新技术、高科技的发展推动了新技术在展览性园林中的运用，成为不可缺少的表现手段，如园林材料生产、园艺植物培育新技术应用、园艺新器具等园林技术的相关产业提供了展览的舞台，许多新的技术和材料得到应用和推广（图 3-40、图 3-41）。还有多媒体技术、视频实时合成技术及幻影成像技术（图 3-42、图 3-43）

等等的应用，例如：巨型视屏播放、形态投影装置系统、自动讲解装置在展览中起到了丰富视觉效果、增加趣味性的作用。目前新材料、新技术在国内展园景观设计中的应用呈现良好的发展势态，从沈阳世园会的污水处理生态湿地（图 3-44）、利用土壤热源的温室玫瑰园到生态新材料园、生态科技园等都取得了良好的效果，拓宽了景观的展览途径。新颖的园林材料和技术拓宽了园林的表现能力，大大提高了园林展览的专业性，赋予了展览性园林时代活力。

　　在当下生态文明时期，展览性园林在以生态、自然和可持续发展为主题背景的情况下，

图 3-42、图 3-43：2014 年青岛世园会辽宁园的"LED 屏幕"和天池的"水幕电影"
图片来源：作者拍摄

图 3-44：2006 年沈阳世园会"环保园"的
污水处理技术
图片来源：http://news.bandao.cn

图 3-45：2014 年青岛世园会上采用太阳能技术的"自助饮水机"
图片来源：作者拍摄

图 3-46：2010 年上海世博会上的"自助喷雾降温器"
图片来源：http://www.tupain58.com

节能、节水、低碳、可持续已经成为目前展览性园林所考虑的主要问题（图 3-45）。展览空间设计无论在艺术表现和设计理念上，都与生态技术及传统文化密切相关（图 3-46）。

　　未来展览设计将展览人类对未来世界的畅想，将运用多项能源，如太阳能发电、风力发电、自然通风、绿色材料、水回收用、结构加固、半导体照明和智能化集成平台等多种技术，将全新的展览新能源、新技术、新理念（图 3-47、图 3-48）。

图 3-47：2014 年青岛世园会上的"二维码"造型景观
图片来源：作者拍摄

　　园林展所呈现的高技术面貌不仅反映了一个时代的科学技术水平，更加拓展了人们对于园林艺术的理解。随着当代科学技术的飞速进步，越来越丰富的建造材料和几乎无所不能的技术手段为园林设计者开拓了更为广泛的设计思路。新技术的运用不仅使设计者能用简单的方法和低廉的成本创造过去耗费巨资仍难以达到的景观效果，更重要的是新技术开拓了园林景观艺术新的可能性。因此，作为新技术的展览舞台，展览性园林也肩负着探索新技术和新材料在园林景观设计中运用的重要角色。

　　总之，社会的进步和科技的高速发展既对展览性园林提出了更高的要求，同时也为展览性园林设计提供了更为先进和多样的手段及技术，展览性园林设计的创新离不开科技发展所带来的技术突破。

图 3-48：2006 年沈阳世园会上的太阳能及风力发电技术应用
图片来源：http://www.lvyouuu.com

四、艺术性

展览性园林无论是狭义的还是广义的，都是在一定空间范围内的展览，展览性园林空间的营造首先是一门遵循艺术的透视、构图、美学基本法则的可游、可观、可品的视觉与体验艺术。这种展览空间需根据展览主题、场地的自然地理条件和植物的生物学特性等因素进行合理设计，同时考虑季相、色彩、对比、统一、韵律、线条、轮廓等艺术性问题。因此，"艺术性"应该是展览性园林空间所特有的气质。

展览性园林大部分都是设计师表达新思想的艺术性作品。设计师们将他们独特的思想以及他们对于人、对于社会、对于自然的理解，通过艺术性的手法融入园林展的展览内容中，由此带来园林艺术的交流与传播，创造了如行为艺术（图3-49）、媒体艺术、光效艺术（图3-50、图3-51）、大地艺术（图3-52、图3-53）等等新的园林艺术形式。

展览性园林之所以强调艺术性是为了更好地表达主题及突出展览空间的个性特征。无论是庆典展览、商业展览还是综合性的园博会等，都会通过展览设计的艺术性来实现这个展览所独有的特点。

图3-50：2012年西安大唐芙蓉园的夜景灯光展览
图片来源：www.quanjing.com

图3-51：2012年新加坡花园节上王向荣设计的"心灵的花园"
图片来源：王向荣教授谈小尺度花园的设计思路

图3-52：2011年西安世界园艺博览会大师园之"大挖掘园"
图片来源：《世博集锦》

图3-49：2013年锦州世界园林博览会上的"行为艺术"
图片来源：http://www.1m3d.com

图3-53：2013年锦州世界园林博览会上的"大地艺术"
图片来源：《世博集锦》

随着时代的发展，文化的多元化发展现状，园林艺术与其他艺术形式呈现了越来越密切的联系。"西学东渐"的情况下，西方新的设计思潮不断冲击着园林设计师的头脑，设计者不断从每一种艺术思潮和艺术形式中直接或间接的借鉴了众多的艺术思想和形式语言。艺术无疑是园林设计师设计思维最直接最丰富的源泉，引导着他们对于当前的科学、技术和人类意识活动的表达。今天，园林设计师们又开始吸取电影、戏剧、音乐、建筑等各种门类中多样的艺术创作手法，创造了如光效应艺术、行为艺术、大地艺术等等一系列新的园林艺术形式。尤其是高科技、新材料的使用使展览性园林的艺术性成为可能（图3-54～图3-60）。

我国举办的国际级园博会和国家级园博会基本通过邀请或竞赛的方式，选择一些设计师或艺术家来进行创作，就是所谓的"大师园"（图3-61、图3-62），这类展览性花园设计目的是要表达设计者对于园林艺术的独特理解，设计思想前卫、手法大胆，是展览花园中最引人注目的一种类型，在园林设计行业中起到启发和引导的作用。

目前，欧美等国家在展览性园林艺术性的探索方面处于领先优势，例如艺术花园、艺术展等都已经成为世园会展览的一部分，我国现阶段举办的世园会其目的并不是以展览园林园艺最新成果为目标，而是以地域文化展览为主体的设计构成，城市展园往往是一种集锦式的布局模式，在现代园林展中，艺术性花园越来越多地成为展览的重点，"艺术性"是展览性园林景观未来的发展趋势之一（图3-63、图3-64）。

图3-54：2013年北京园博会上的艺术雕塑作品
图片来源：http://www.tupain58.com

图3-55：2011年西安世界园艺博览会大师园之"山之迷径"
图片来源：《世博集锦》

图3-56：2013年北京园博会上朱育帆设计的"流水印"
图片来源：作者拍摄

图 3-57、图 3-58：2014 年青岛世园会上艺术造型座椅设施
图片来源：作者拍摄

图 3-59：2013 年北京园博会上唐山园的"皮影艺术"造型设计
图片来源：作者拍摄

图 3-60：2013 年北京园博会南宁园中的艺术廊架造型
图片来源：作者拍摄

图 3-61：2013 年北京园博会大师园上的"小径花园"
图片来源：作者拍摄

图 3-62：2011 年西安世园会大师园上的"万桥园"
图片来源：http://blog.sina.com.cn

图 3-63：2013 年北京园博会上的"脸谱艺术"景墙
图片来源：作者拍摄

图 3-64：2013 年北京园博会上
的艺术造型灯饰
图片来源：作者拍摄

五、临时性

展览性园林因为自身具有明确的展览目的的特点，无论是庆典展览、商业展览还是人文展览都有其季节性和时效性，就是展览时间较长的综合类世界园艺博览会一般也是规定展期为 6 个月。展览性园林及其相关活动都是在一定的时间范围内举办，尤其是城市节事中的大中小型活动的庆典展览，一定是根据节事的庆典时间确定展览时间。因此展览性园林的时效性决定了其短期集中展览和过程艺术的临时性特征。因此人们常把展览性园林称为临时性

景观，由此可见展览性园林临时性特征的重要性（图 3-65 ～图 3-70）。

图 3-65：2014 年青岛世园会上方便游客饮水的临时设施
图片来源：http://qd.ifeng.com

图 3-66：2012 年某房地产开盘庆典现场的临时性设施
图片来源：www.jqw.com

图 3-67：2013 年北京园博会上海园轨道移动花箱技术
图片来源：http://www.tupain58.com

图 3-68 ～图 3-70：2011 年西安世园会场上的临时性可移动花箱
图片来源：作者拍摄

图 3-71：2013 年锦州世园会上临时遮阳棚
图片来源：作者拍摄

图 3-72：2014 年青岛园博会开幕式舞台
图片来源：http://qd.ifeng.com

　　展览性园林的庆典展览和人文展览的临时性特征主要源于节日和历史事件活动的展览性。临时性的展览园林充实着城市节事大中型活动中景观的各个部位，给整体景观带来生机和活力，这种临时性园林以高度的开放性对公众产生了非常大的吸引力，它让更多的人对所举办的城市节事活动有所了解并产生兴趣，不但有利于让人们认知和了解这

种节事活动，也有利于增进大众的主题意识。临时性的庆典展览不仅为城市节事中大中型活动增添了魅力，还有效地满足了城市大中型活动中产生的临时性需求，避免了短期使用对土地和环境产生的影响。

　　展览性园林的综合类展览如世界园艺博览会和我国举办的国家级、省市级园林园艺展览会等，这些展览性园林的临时性特征主要体

图 3-73：2014 年青岛世园会上拉膜结构的大门
图片来源：作者拍摄

图 3-74：2010 年上海世博会临时搭建的展览性舞台
图片来源：http://www.tupain58.com

图 3-75：2014 年青岛世园会开幕式上的气球
图片来源：http://www.tupain58.com

图 3-76：2012 年常州恐龙园中临时搭建的表演帐篷
图片来源：http://www.tupain58.com

图 3-77、图 3-78：2014 年青岛世园会上临时性小品及设施
图片来源：作者拍摄

现在两个方面：一方面是展览的时效性与景观设计手法、材料表达的临时性。首先，世园会有不同的级别，级别不同其展览的时间要求不同，最少为 8 天，最长为 6 个月，时间大约在一年中的 4 月到 10 月之间。目前我国采用的举办级别为 A1 级与 A2+B1 级，举办时间大约为 6 个月，具有国际性长期展的特征。另一方面是景观设计手法、材料表达的临时性。主要体现在大部分的景观设施以临时性表现为主，临时性景观设施基本可为临时性服务设施（遮阳伞、遮阳凉棚、栅栏、帐篷、展览帐篷、舞台、广告篷、各种座位及其他类似服务设施都属于临时性服务设施的范围）、临时性装饰设施（如热气球、临时灯饰、旗帜旗杆、花柱、横幅等具有临时性特性的装饰物等）和临时性景观植被三类（图 3-71 ～图 3-78）。这些临时性基础设施对于纸质材料、玻璃、塑材、膜材、可回收利用材料、生态有机材料等临时性材料的应用较广，依据临时性材料的特点采用不同的设计手法，呈现出多彩的景观效果。

根据历届园艺博览会来看，国外的各种园林展上的展览性花园大多是临时性的。早在设计师玛莎·施瓦茨用面包圈做材料（图 3-79）用于景观设计时，就已经"违反"了园林的传统规则，采用临时性景观或临时性构件，带给人们更多的启示，推动新理念、新技术和新材料不断创新。目前在我国的各种展览性园林除了庆典展览、人文展览和商业展览主要是临时性的展览外，综合类的世界园艺博览会和国家级、省市级的园林园艺展大部分展园往往不是临时性的，而是以永久性的形式出现。但是面对未来社会的不断发展，展览性园林会逐渐由传统的"静态模式"向"动态模式"发展，越来越多地表现出移动性与临时性。

图 3-79：玛莎·施瓦茨设计的"面包圈花园"
图片来源：http://www.chla.com.cn

六、独立性

展览性园林因为其主题性而决定了其独立性。不同节事活动的庆典展览、不同的人文展览、不同的商业展览都有其独立性，不同园林园艺博览会因为不同主题而产生的独立性等，都凸显出了展览性园林的独立性特点。

目前我国节事活动的庆典展览、人文展览大多数选择较为特殊、具有典型特性的场地，例如：城市中心广场（图3-80）或城市内某标志性场所的公共空间等，或具有代表某种标志性场所的城市公共景观场所等。展览场所的特殊性、节事活动的主题性决定了展览的独立性。

商业展览主要集中在商业中心地带、城市展览中心、地产公司的售楼处（图3-81、图3-82）的外环境设计等场所，因此商业展览只要根据商业空间需求进行设计，周边空间环境条件的限制考虑较少，保持了商业展览的独立性。

展览性园林的独立性特点表现在展览主题的独立性，不同国家、城市展园的独立性（图

3-83），不同设计师设计思想的独立性等几个方面。

图 3-81：2013年大连某房地产售楼处独立景观
图片来源：作者拍摄

图 3-82：2012年广州某房产售楼处走廊环境景观设计
图片来源：http://image.baidu.com

图 3-80：2006年北京天安门广场上巨型花卉组团喷泉
图片来源：http://image.baidu.com

图 3-83：2013年北京园博会上的宁波园
图片来源：作者拍摄

图 3-84：2014 年青岛世园会上的"德国园"与"美国园"一墙之隔
图片来源：作者拍摄

图 3-86：2013 年北京园博会上的"常德园"
图片来源：作者拍摄

图 3-85：2013 年北京园博会"重庆园"入口
图片来源：作者拍摄

图 3-87：2014 年青岛世园会"日本园"围墙
图片来源：作者拍摄

目前我国举办的世界园林（园艺）博览会、各省市级博览会都有其展览的主题，然后根据主题进行策划、规划设计。展览的主要形式基本采取室内展馆与室外展馆相结合、专题展园与国内外展园相结合的方式进行规划布局。除了花卉植物的室内、室外展览外，多以省市、地区展园为主，大部分都是室外展园，有国际展园（图 3-84）、主题园、国内城市展园（图 3-85、图 3-86）、大师园、企业园等，这些展园与各种会展中的展位一样，是一个个独立的小空间。不同展园之间用绿篱、篱笆、围栏和地形等作为边界（图 3-87），使每个展览空间被围合成一个个相对独立的空间。设计师可以在自己的空间里按照自己的方式来独立创作建造展览花园，而不需要顾及周围花园的风格，最后呈现在参观者面前的是各放异彩的独立花园（图 3-88）。

图 3-88：2014 年青岛世园会各城市独立展园分布图（局部）
图片来源：http://www.tupain58.com

4

THE ELEMENTS AND APPLICATION OF LANDSCAPE EXHIBITION

肆 · 展览性园林的构成元素及其应用

The Elements and Application of Landscape Exhibition

肆

展览性园林的
构成元素及其应用

图 4-1：2006 年西安世界园艺博览会"长安塔"
图片来源：http://www.photofans.cn

一、展览场所确定

展览性园林的展览场所主要是指不同类型的展览性园林展览期间所需要的室外环境空间（图4-1）。如何凸显展览性园林的展览性，就像展览馆内展台一样，最大化地呈现出展品的可读价值，达到最终的展览目的，所以展览性园林的展览场所的选择非常重要。因为展览性园林的类型不同，对于展览场所的选择也有差别。

一般来讲，庆典展览的展览场所基本都是选择较为特殊、具有典型特性的场地，或者是人流集中的公共空间（图4-2）、主要道路交叉路口的重要场所等。例如：城市中心广场（图4-3）、城市大型公园内、城市人流较为集中的公共空间，或具有代表某种标志性场所的城市公共景观场所中。

商业展览的展览场所较为固定，一般是

在城市商业中心的步行街、购物广场的室外空间（图4-4），以及地产公司的售楼处周边场地。

人文展览如菊花展（图4-5）、冰灯展、雕塑展（图4-6）、盆景展、植物造型展等一般在选择展览场所时都选在城市中心的主要公园或主题公园内进行展览。因为展览性园林的临时性特点，所以展览期间不但不会破坏公园的整体环境，相反会增加公园的观赏性和娱乐性。而浙江舟山、福建平潭、山东威海、辽宁大连等地的沙雕节展览场所（图4-7）则是在海滨沙滩举办的。

图4-4：2009年欧洲商场外的户外用品展
图片来源：http://www.valuedshow.com

图4-2：2000年北京中华世纪坛迎接新千年庆典现场
图片来源：http://sucai.redocn.com

图4-5：2012年上海"共青森林公园"举办的菊花展
图片来源：http://www.bazuke.com

图4-6：2007年第六届"蓝色空间"雕塑展
图片来源：http://www.qianlong.com

图4-3：2013年莫斯科红场上的圣诞庆典活动
图片来源：http://you.ctrip.com

图4-7：2011年舟山国际沙雕节
图片来源：http://www.photo0086.com

综合性展览，也就是各种园林园艺全方位的专业展览，主要包括国际级的各类别世界园艺博览会和世界各国家级、省市级的园林园艺展览会。通过对比分析历届各类别园林、花卉博览会的选址，可以把综合展览的展览场所选择大致归类出三种场地类型：

第一种类型是利用原有城市公园或公共绿地作为展览场所。这类展览场所往往都位于城市中心，交通便利，与城市关系较为紧密，但受场地规模限制，这一类型的园林展览规模通常都比较小。例如：1851 年英国的万国工业博览会就选址在海德公园内（图 4-8）。早期的欧洲园林园艺展览大部分场所都选择在城市公园内或公共绿地展览（图 4-9）。我国的园博会前 4 届也都是选择在城市展览馆或公园内举办（图 4-10 ～图 4-13）。

图 4-10：1997 年中国第一届园博会——大连园博会
图片来源：www.chla.com.cn

图 4-11：1998 年中国第 2 届园博会——南京园博会
图片来源：http://beijing.qianlong.com

图 4-8：1851 年英国万国工业博览会选址在"海德公园"
图片来源：http://www.tupain58.com

图 4-12：2000 年中国第 3 届园博会——上海园博会
图片来源：http://www.chla.com.cn

图 4-9：1958 年比利时布鲁塞尔世博会选择在"海色尔公园"
图片来源：http://2010.qq.com

图 4-13：2001 年中国第 4 届园博会——广州园博会
图片来源：http://www.youboy.com/s18906031.html

第二种类型是把生态环境破坏较严重的工业废弃地作为展览场所。如 20 世纪 90 年代德国在鲁尔工业区举办了一届联邦园林展和数届州园林展，其主要的目的就是改善了工业污染区域的生态环境，调整城市的产业结构，为城市带来新的发展机会，唤起新的城市生活（图 4-14～图 4-16）。一定程度上解决了这一地区由于产业衰落而带来的环境、

图 4-14：1954 年时期的德国工业区航拍图
图片来源：http://wenku.baidu.com

图 4-15、图 4-16：1997 年德国园林展中由工业废弃地改造的格尔森基尔欣公园
图片来源：http://wenku.baidu.com

就业、居住和经济发展等诸多方面的难题，从而赋予旧的工业基地以新的生机，也为世界上其他旧工业区的改造树立了典范，也为我国未来展览场所的选择提供借鉴。

第三种类型是结合城市建设选择有开发价值的场地作为展览场所。这样选择展览场地的主要目的是通过展会提升城市形象，通过旅游来带动整个地区的经济贸易活动，促进新区建

设，改善周边环境，提升整个城市的发展水平，促进城市建设，拉动经济发展。如 2011 年西安、2013 年锦州（图 4-17）、2014 年青岛世界园艺博览会（图 4-18）的选址基本是属于这种类型。举办园博会的城市都是希望通过园博会对城市的发展产生外推作用，有利城市形象的提升与城市空间的优化，使园博会成为城市建设的催化剂和城市发展的一个助推工具。

图 4-17：2013 年锦州世界园林博览会
图片来源：http://www.lnly.gov.cn

图 4-18：2014 年青岛世界园艺博览会
图片来源：http://www.jndcsy.com

二、植物材料选择及其造景艺术

图 4-19：2010 台北国际花卉博览会
图片来源：http://www.youngtravel.com.tw

自从 1809 年比利时举办了欧洲历史上第一次以园艺为主题的大型园艺展成为展览性园林的滥觞，植物材料一直就充当着展览的重要角色（如图 4-19）。

植物材料的选择根据展览类型的不同而有差别。在庆典展览、商业展览一般选择色彩鲜艳，有特色的植物材料装饰展览空间。如我国的元旦、春节、国庆等节日庆典（图 4-20～图 4-22），或奥运会、亚运会等重大事件（图 4-23）的庆典展览过程中，植物材料选择主要以花卉为主，结合植物造型，很少有乔木栽植。但是商业展览的地产售楼处外环境设计一般都栽植较大规格的乔木以便达到展览园林的最佳效果（图 4-24、图 4-25）。

至于人文展览对植物材料的选择根据其主题展览的艺术品类别不同而有差别。如菊花展（图 4-26）、牡丹展（图 4-27）、盆景展等主题展览的植物材料选择有特殊性和专一性。至于雕塑展、沙雕展、冰灯展等人文艺术展因

其展览艺术品的特殊性可以不考虑植物材料的选择。

图 4-20：2012 年某公园门前元旦庆典展
图片来源：http://www.tupain58.com

图 4-21：江西省某市国庆主题绿化造型展
图片来源：http://www.tupain.com

图 4-22：2013 年济南市国庆期间街头大
型立体花坛
图片来源：http://www.tupain58.com

图 4-23：2008 年北京奥运会主题巨型花卉雕塑
图片来源：http://www.tupain58.com

图 4-24：2012 年北京某售楼处室外展览区园林
图片来源：http://detail.net114.com

图 4-25：2012 年重庆某售楼处室外展览区园林
图片来源：http:// www.douban.com

图 4-26：2010 年南昌市第二十二届菊花展
图片来源：http://www.jxuu.cn

图 4-27：2012 年常州市第三届牡丹花展
图片来源：http://www.jxuu.cn

图 4-28：2014 年青岛世园会 "上海园" 植物展
图片来源：作者拍摄

图 4-29：2013 年北京园博会室内植物展
图片来源：作者拍摄

在综合类展览性园林类型中植物材料选择和应用一般分为室外植物展览（图 4-28）和室内温室植物展览（图 4-29）两部分。近年来在我国举办的世界园博会和我国举办的国家级园博会基本都是采用室外植物展览和室内植物展览两种类型进行布局设计的。

室外植物展览在植物材料品种选择应用方面主要是以地方乡土树种的乔木、灌木为主，结合藤本植物、水生植物（图 4-30）、陆地草本花卉（图 4-31）等，以林地景观、景观大道（图 4-32）、植物造型（图 4-33 ～图 4-35）、专类主题花园展览、花坛、花车、花径（图 4-36 ～图 4-38）等形式进行展览，营造丰富多彩的园林展览空间。室内植物展览一般都是在植物馆内进行展览，主要展览植物新品种和温室植物（图 4-39）。

图 4-30：2007 年第六届厦门园博会上的水生植物
图片来源：http://www.fujian.gov.cn

图 4-31：2011 年台北国际花卉博览会
图片来源：作者拍摄

图 4-32：2013 年锦州园林博览会景观大道
图片来源：作者拍摄

图 4-33：1999 年昆明世界园艺博览会
图片来源：http://image.baidu.com

图 4-36：1999 年昆明世园会上的植物时钟
图片来源：http://image.baidu.com

图 4-34：2013 年北京园博会上植物雕塑艺术
图片来源：作者拍摄

图 4-37：2011 年台北国际花卉博览会
图片来源：作者拍摄

图 4-35：2014 年青岛世园会入口迎宾植物雕塑
图片来源：作者拍摄

图 4-38：2013 年锦州世园会上的"花车"
图片来源：作者拍摄

图 4-39：2014 年青岛世园会上的温室植物展园
图片来源：作者拍摄

图 4-40：2014 年青岛园艺博览会"地池"水景
图片来源：http://www.tupain58.com

三、水元素及其应用

在展览性园林中水元素的应用主要体现在两个方面：一方面是展览场所选址或规划设计对原有的水景（包括自然水体和人造水景）的应用（图 4-40、图 4-41），另一方面是为了突出展览效果在展览空间内新设计的水景（图 4-42 ～图 4-49）。

庆典展览、人文展览通常情况下结合展览场所现有的水景进行设计和布局，一般不重新设计新的水景。商业展览类型的地产售楼处外环境设计一般都有水景设计，以水池、喷泉、涌泉、壁泉等多种水景形式出现，用以展示地产公司对居住环境的关注，便于吸引顾客的关注和购买欲。

图 4-41：2013 年北京国庆节天安门城前的喷泉
图片来源：http://www.veeqi.com

图 4-42：2013 年北京园博会济南园水景
图片来源：作者拍摄

图 4-43：2013 年北京园博会"江南园"
图片来源：作者拍摄

图 4-44：2013 年北京园博会"台湾园"
图片来源：作者拍摄

图 4-45：2013 年北京园博会"岭南园"
图片来源：作者拍摄

图 4-46：2013 年北京园博会"闽南园"
图片来源：作者拍摄

图 4-47：2013 年北京园博会"闽南园"
图片来源：作者拍摄

图 4-48：2013 年北京园博会"宁波园"
图片来源：作者拍摄

图 4-49：2013 年北京园博会"天津园"
图片来源：作者拍摄

综合类展览性园林在选址时就非常注重展览场地内的水元素。1999年昆明世园会的会址就有宽阔的水面（图4-50），2011年西安世园会的会址（图4-51）在西安浐灞生态区的史称"灞上"的浐灞之滨"广运潭"的东侧滨水区域，2013年第九届中国（北京）国际园艺博览会的会址（图4-52）在北京丰台区长辛店镇境内"永定河"新右堤西侧区域，2013年锦州世园会的会址（图4-53）在锦州龙栖湾新区渤海湾填海造地的滨海区域。以上这些都说明综合性园博会在进行展览场所选址过程中对场地原有水元素的考虑及其应用，在整体规划布局时充分利用场地现有水系进行改造和利用，也是划分功能区域的依据，同时原有水系也是展园内公共空间水景营造的场所，如青岛园博会在"天水地池区"的"天池"内就设计了大型音乐喷泉（图4-54）。

综合类展览性园林的水元素应用还体现在城市展园等主题展览空间内的应用。无论是国际设计师还是国内的设计师，都非常喜欢结合展览场所的现有条件尽量营造水景为小尺度展览空间增添活力。不同主题展园的设计师都会竭尽全力尽量应用水元素营造展览空间，有利用地形高差营造叠水（图4-55），有结合园林建筑营造静水景观（图4-56、图4-57），还有的营造雾喷的形式渲染展览气氛（图4-58），这也是展览性园林结合自然的体现。

图4-50：1999年昆明世界园艺博览会平面图
图片来源：http://www.chla.com.cn

图4-51：2011年西安世界园艺博览会
图片来源：http://www.tupain58.com

图4-52：2013年北京国际园艺博览会
图片来源：http://imgbdb2.bendibao.com

图 4-53：2013 年锦州"海上世园会"　　　　　　图 4-54：2014 年青岛世园会位于"天水地池"的音乐喷泉
图片来源：http://60.21.201.146　　　　　　　　图片来源：作者拍摄

图 4-55：2014 年青岛世园会上"淄博园"　　图 4-56：2007 年厦门园博会上王向荣设计的"竹园"
　　　　　的跌水设计　　　　　　　　　　　图片来源：http://img4.imgtn.bdimg.com
图片来源：作者拍摄

图 4-57：　2006 年沈阳园博会上"台湾园"中的主题水景　　图 4-58：2013 年北京园博会"彼得拉茨花园"的雾喷景观
图片来源：http://www.tupain58.com/show-1-73-697a3bbb049b　　图片来源：http://s14.sinaimg.cn
　　　　　7387.html

四、标识系统

展览性园林的标识系统除了满足标识系统在展览空间环境中明确表示展览内容、位置、方向等功能的基础上，还要有它的艺术性和主题性。

不同类型的展览性园林都有不同的主题，因此就会有不同的会徽、吉祥物、不同的色彩选择、不同的材料等。因此不同类型展览性园林的标识系统设计在满足标识系统的功能性、识别性、系统性、安全性、审美性、科学性等

特性的基础上，还要根据具体的展览场所、事件、地域文化等不同而进行展览性园林的标识系统设计（图4-59～图4-61）。

不论是庆典展览、人文展览，还是世界园林博览会、我国的园博会、花博会等，展览性园林标识系统的设计要素一般包括图形、文字和色彩等内容，提炼各要素的特性进行有标志性、可识别性、艺术性的展览场所需要的标识系统设计。

图4-59：南京绿博园交通导向标识
图4-60：南京绿博园园路标识
图4-61：南京绿博园警示标示
图片来源：2012年风景园林《南京绿博园公园标识系统建设探讨》

南京"绿博园"标识系统的设计分类　　　　表4-1

类　别		安放位置	材　质
全景导览标识		东门/南门	木、金属、亚克力
区域导览标识		园区各岔路口	混凝土、石材、金属、玻璃
景点景物标识	景点名称标识	各景点入口	混凝土、亚克力、木、石材
	景点解说标识	各景点入口	木、金属
	植物解说标识	植物旁/植株上	石、亚克力/亚克力
道路交通指示标识	道路指示标识	园区各岔路口、园路沿线	水泥/金属、木
	交通指示标识	园区主要路段岔路口	金属
	公厕指示标识	距公厕附近200m/3～5m	木、金属/水泥
	停车场指示标识	停车场区域	金属
警示人文关怀标识	警示标识	警示区域	木、金属、石材
	人文关怀标识	园区各区域	木、金属、石材
服务设施名称标识	游客服务中心标识	服务中心四面墙体	户外pvc、石材
	购物中心标识	购物区域	木、金属、石材
	厕所、垃圾箱标识	厕所入口	木、金属、石材、砖材
	游览车上下站	南区、西区	木、金属

表格来源：2012年 风景园林《南京绿博园公园标识系统建设探讨》

庆典展览、人文展览和商业展览的标识系统一般包括识别、导向和说明等子系统，比较简单。综合性展览，尤其是世界园林博览会、我国的园博会、花博会等的标识系统就较复杂些，一般划分为：识别系统、导向系统、空间系统、说明系统、管理系统五大子系统。但是目前我国举办的几届世博会和九届国家级园博会的标识系统只有2011年西安世园会的标识系统设计较全面（图4-62～图4-69），其他城市举办的园博会标识系统一般只包括识别系统、导向系统、说明系统三个子系统（图4-70、图4-71）。

图 4-62：2011 年西安世园会标准会徽

图 4-63：2011 年西安世园会吉祥物

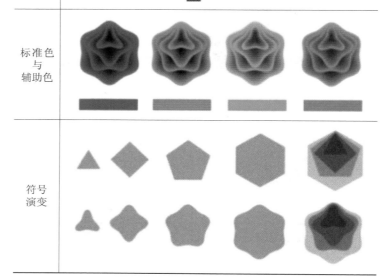

图 4-64：2011 年西安世园会会徽图解

图 4-65：2011 年西安世园会标识设计——识别系统
图片来源：作者拍摄

图 4-66：2011 年西安世园会标识设计——导向系统
图片来源：作者拍摄

图 4-67：2011 年西安世园会标识设计——空间系统
图片来源：作者拍摄

图 4-68：2011 年西安世园会标识设计——说明系统
图片来源：作者拍摄

图 4-69：2011 年西安世园会标识设计——管理系统
图片来源：作者拍摄

展园标示大体上可分为：

园区导游图（图4-72）、景区指示牌（图4-73）、景点名称标示牌（图4-74）、户外广告、交通指示牌、出入口指示牌、服务设施指示牌、展园形象牌（图4-75）、展园介绍牌（图4-76）、安全警示牌、温馨提示牌、多媒体信息牌等（图4-77～图4-88）。

图4-70：2013年北京园博会会徽

图4-72：2013年北京园博会园区导游图
图片来源：作者拍摄

图4-71：2013年北京园博会吉祥物

图4-73：2013年北京园博会景区指示牌
图片来源：作者拍摄

图4-74：2013年北京园博会景点名称标识牌
图片来源：作者拍摄

图4-75：2013年北京园博会展园形象牌
图片来源：作者拍摄

图4-76：2013年北京园博会展园介绍牌
图片来源：作者拍摄

图 4-77：2013 年锦州世园会会徽

图 4-79：2013 年锦州世园会全景标识
图片来源：作者拍摄

图 4-78：2013 年锦州世园会吉祥物

图 4-80：景点名称标识　图 4-81：交通导向标识　图 4-82：区位导向标识
图片来源：作者拍摄　图片来源：作者拍摄　图片来源：作者拍摄

图 4-83：2014 年青岛世园会会徽

图 4-85：2014 年青岛世园会主题标识牌　图 4-86：2014 年青岛世园会城市展园
图片来源：作者拍摄　　　　　　　　　　　　　名称标识
　　　　　　　　　　　　　　　　　　　　　图片来源：作者拍摄

图 4-84：2014 年青岛世园会吉祥物

图 4-87：2014 年青岛世园会　图 4-88：2014 年青岛世园会 "北京园" 入口标识
倒计时表　　　　　　　　　　图片来源：作者拍摄
图片来源：http://www.baidu.com

五、园林小品与构筑物

一般意义上的园林小品是指园林中供休息、装饰、照明、展览和方便游人及园林管理的小型建筑设施。按其功能分为供休息的小品（包括各种造型的靠背园椅、凳、桌和遮阳的伞、罩等）、装饰性小品（各种固定的和可移动的花钵、饰瓶等）、结合照明的小品（园灯的基座、灯柱、灯头、灯具等）、展览性小品（包括各种布告板、导游图板、指路标牌、说明牌、阅报栏、图片画廊等）、服务性小品（如饮水泉、洗手池、公用电话亭、时钟塔）等五种类型。

但展览性园林由于它的临时性特征，所以展览性园林小品就有别于永久性园林空间的小品。一般庆典展览、人文展览、商业展览的园林小品都是以可移动的花篮、花坛、花车、植物造型、临时性遮阳伞、临时性洗手池等形式出现（图4-89～图4-96），展览结束后就移开了，恢复展览场所原有的面貌。

图4-89：2013年北京天安门广场国庆期间展出的花车
图片来源：http://www.nipic.com

图4-90：2012年广州花城广场搭建的巨型花坛
图片来源：http://forum.home.news.cn

图4-91：2011年温州世纪广场上的巨型花篮
图片来源：http://bbs.wzrb.com.cn

图4-92：2012年厦门某售楼处前临时性遮阳伞
图片来源：http://www.nipic.com

图4-93：2011年江苏某售楼处植物配置
图片来源：http://www.nipic.com

图4-94：2011年厦门某售楼处洗手池
图片来源：http://www.nipic.com

图 4-95：2007 年开封菊花节临时性构筑物
图片来源：http://bbs.zol.com.cn

图 4-96：2010 年开封龙庭菊花造型展
图片来源：http://blog.zzedu.net.cn

图 4-97：2014 年青岛世博会座椅
图片来源：作者拍摄

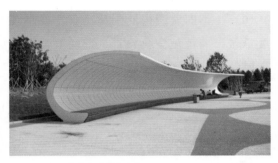

图 4-98：2013 年锦州世博会座椅
图片来源：作者拍摄

图 4-99：2013 年北京园博会上展园说明
图片来源：作者拍摄

图 4-100：2013 年锦州世园会上灯具
图片来源：作者拍摄

图 4-101：2014 年青岛世博会花箱
图片来源：作者拍摄

图 4-102：2014 年青岛世园会上遮阳廊架
图片来源：作者拍摄

大型的综合性的园博会的园林小品一般分为两类，一类是临时性的（图4-97～图4-100），一类是永久性的（图4-101、图4-102）。展览性园林小品一定体现具有前卫的创新性、新材料新技术应用的科技性，还要具有时代特征的艺术性。目前在我国每届园博会都会以展会"吉祥物"为主题设计一系列与园博会主题相联系的园林小品，用以烘托园博会的主题性（图4-103）。不同展园内的园林小品主要体现展览城市的地域文化特征，同时要与城市展园的设计主题和要表达的地域文化相一致（图4-104～图4-116）。

图4-103：1999年昆明世界园艺博览会上的吉祥物
图片来源：http://www.tupain.com

图4-104：2013年锦州世园会上海洋元素主题小品
图片来源：作者拍摄

图4-105、图4-106：2013年锦州世园会上海洋元素主题小品和吉祥物
图片来源：作者拍摄

图4-107：2014年青岛世园会上马拉啤酒的主题小品
图片来源：作者拍摄

图4-108：2014年青岛世园会吉祥物
图片来源：http://gb.cri.cn

图 4-109：西安世园会上的植物造型
图片来源：http://www.baidu.com

图 4-110：西安世园会吉祥物造型
图片来源：http://www.tupain.com

图 4-111：2013 年北京园博会"哈尔滨园"
图片来源：作者拍摄

图 4-112：2013 年北京园博会上现代装置艺术
图片来源：作者拍摄

图 4-113：2013 年北京园博会"郑州园"入口
图片来源：http://www.tupain58.com

图 4-114：2013 年北京园博会"南宁园"
图片来源：作者拍摄

图 4-115：2013 年锦州世园会"鞍山园"
图片来源：作者拍摄

图 4-116：2014 年青岛世园会"美国园"
图片来源：作者拍摄

六、公共设施

展览性园林的公共设施一般主要体现在临时性上，所以在设计和使用过程中基本都具备可移动性。

展览性园林的公共设施根据其服务和装饰两大功能可分为两大类：一类临时性服务设施（遮阳伞，遮阳凉棚，栅栏，帐篷，展览帐篷，舞台，广告篷，各种座位及其他类似服务设施都属于临时性服务设施的范围）（如图4-117～图4-120）；一类是临时性装饰设施（如热气球、临时灯饰、旗帜旗杆、花柱、横幅等具有临时性特性的装饰物、植物造型、花坛等）

（如图4-121、图4-122）。

图4-117：2014年青岛世园会上的饮水机
图片来源：作者拍摄

图4-118、图4-119：2012年某售楼处庆典活动时临时遮阳棚
图片来源：http://www.tupain.com

图4-119

图4-120：2010年上海世博会会场的临时休息遮阳伞
图片来源：http://www.tupain58.com

图4-121：2010年某商业街庆典活动展览
图片来源：http://fuwu.huangye88.com

图4-122：2012年某商业街元旦庆典花灯展
图片来源：http://www.tupain58.com

图 4-123：2014 年第四届广西园林博览会入口充气拱门
图片来源：http://www.tupain.com

图 4-124：2011 年西安世园会上的游览图
图片来源：作者拍摄

展览性园林的公共设施根据使用功能详细可分为信息设施（广告牌、条幅、标识牌、导游图栏等，图 4-123、图 4-124）、文化设施（雕塑、植物造型、花坛、水景、艺术铺装等，图 4-125 ～图 4-128）、卫生设施（垃圾箱、饮水器、烟灰缸、公共厕所等）、交通设施（人行天桥、停车场、自行车架、交通候车亭、止路障碍等，图 4-129、图 4-130）、娱乐休息设施（椅、凳、桌、遮阳伞、游戏设施等，图 4-131、

图 4-132）、服务设施（电话亭、售货台、书报亭、治安亭、医疗点、快餐点、自动取款机等，图 4-133 ～图 4-138）、无障碍设施等七种类型。

这些临时性基础设施对于纸质材料、玻璃、塑材、膜材、可回收利用材料、生态有机材料等临时性材料的应用较广，依据临时性材料的特点采用不同的设计手法，呈现出多彩的园林艺术效果。

图 4-125、图 4-126：2011 年西安世园会上的雕塑小品
图片来源：http://www.tupain58.com

图 4-127：2013 年锦州世园会上的可移动花箱
图片来源：作者拍摄

图 4-128：2014 年青岛世园会上的艺术灯具
图片来源：作者拍摄

图 4-129：2013 年北京园博会上的人行天桥
图片来源：作者拍摄

图 4-130：2010 年台北花博会上的坡道
图片来源：作者拍摄

图 4-131：2013 年锦州世园会售票处
图片来源：作者拍摄

图 4-132：2012 年某商业游乐场地外搭建的简易遮阳棚
图片来源：http://www.tupain.com

图 4-133 ～图 4-135：2011 年西安世园会上的服务设施
图片来源：作者拍摄

图 4-136 ～图 4-138：2011 年西安世园会上的服务设施
图片来源：作者拍摄

图 4-139：2011 年西安世园会会场鸟瞰
图片来源：http://www.baidu.com

七、园林建筑

展览性园林建筑主要是针对综合性展览园林的各类别、各等级的园林（园艺）展览会上的园林建筑而言（图 4-139），一般庆典展览、人文展览和商业展览很少设计园林建筑。展览性园林建筑有别于永久性园林建筑。一般来说，我们所谓的"园林建筑"是建造在园林和城市绿化地段内供人们游憩或观赏用的建筑物，常见的有亭、榭、廊、阁、轩、楼、台、舫、厅堂等建筑物。

展览性园林建筑根据使用功能分为永久性园林建筑（图 4-140）和临时性园林建筑（图 4-141）两种。根据其园林建筑特点可以分为标志性建筑、展馆建筑、展览性建筑三种类型。综合性展览的园博会标志性建筑和展馆建筑基本属于永久性园林建筑，展会后拆除的各城市展园或其他类型展园内的展览性园林建筑属于临时性园林建筑范畴。

图 4-140：1999 年昆明世界园艺博览会中心广场
图片来源：http://www.bangbenw.com

图 4-141：2011 年西安世园会入口建筑
图片来源：http://blog.sina.com.cn

1. 标志性建筑

自 1851 年英国的万国工业博览会标志性建筑"水晶宫"开始，园林（园艺）博览会中建造一座标志性建筑似乎成了一种惯例。法国巴黎著名的埃菲尔铁塔（图 4-142）就是 1889 年法国巴黎举办世界博览会后保留下来的标志性建筑，已经成为巴黎城市的象征。我国自 1999 年在昆明举办第一届世界园艺博览会以来，我国举办的世博会和国家级博览会几乎把建设标志性建筑作为一种模式。如 2006 年沈阳世界园艺博览会标志性建筑为"风之翼"和"百合塔"（图 4-143、图 4-146）；2011 年西安世界园艺博览会标志性建筑为"广运门"和"长安塔"（图 4-144、图 4-145）；2013 年锦州世界园艺博览会的标志性建筑"百花塔"（图 4-147）；2013 年第九届中国（北京）国际园艺博览会的"永定塔"等（图 4-148），而且每个标志性建筑都会很好体现地域文化和美好的寓意。

图 4-142：1889 年法国巴黎埃菲尔铁塔
图片来源：http://baike.baidu.com

图 4-143：2006 年沈阳世界园艺博览会——风之翼
图片来源：http://www.tupain58.com

图 4-144：2011 年西安世界园艺博览会——广运门
图片来源：http://img0.ph.126.net

图 4-145：2011 年西安世界园艺博览会——长安塔
图片来源：http://pic16.nipic.com

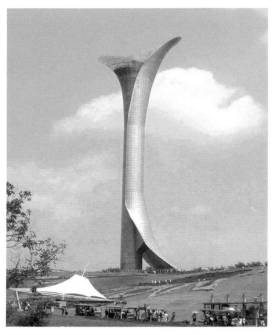

图 4-146：2006 年沈阳世界园艺博览会——百合塔
图片来源：http://www.tupain.com

图 4-147：2013 年锦州世园会——百花塔
图片来源：http://www.tupain58.com

图 4-148：2013 年北京园博会——永定塔
图片来源：http://photobbsfile.it168.com

2. 展馆建筑

　　展馆建筑似乎是每届园博会都要考虑的建筑，因为园博会一般会分为室外展览和室内展览两部分，室内展览一般都在展馆内进行展览。如 1999 年昆明世界园艺博览会的五大展馆，分别是中国馆、人与自然馆、大温室、科技馆、国际馆等（图 4-149～图 4-154）；2006 年沈阳世界园艺博览会百花馆（大型展览温室）和玫瑰园（大型地热温室）（图 4-155、图 4-156）；2011 年西安世界园艺博览会的创意馆、自然馆（图 4-157、图 4-158）；2013 年锦州世界园艺博览会的海洋科学创意馆、国际古生态馆和水韵之舞剧场（图 4-159～图 4-161）；2013 年第九届中国（北京）国际园艺博览会的主题馆、中国园林博物馆（图 4-162、图 4-163）；2014 年青岛世界园艺博览会的主题馆、植物馆和莲花馆等（图 4-164～图 4-166）。展馆建筑设计一般都体现内涵丰富的艺术效果和较强的视觉冲击力。

图 4-149、图 4-150：1999 年昆明世界园艺博览会——中国馆
图片来源：http://s16.sinaimg.cn

图 4-151：1999 年昆明世界园艺博览会——人与自然馆
图片来源：http://www.nipic.coml

图 4-153：1999 年昆明世界园艺博览会——科技馆
图片来源：http://210.51.56.58

图 4-152：1999 年昆明世界园艺博览会——温室
图片来源：http://210.51.56.58

图 4-154：1999 年昆明世界园艺博览会——国际馆
图片来源：http://www.nipic.coml

图 4-155：2006 年沈阳世界园艺博览会——百花馆
图片来源：http://www.tupain58.com

图 4-156：2006 年沈阳世界园艺博览会——玫瑰园
图片来源：http://blog.zhulong.com

图 4-157：2011 年西安世界园艺博览会——创意馆
图片来源：http://www.tupain.com

图 4-158：2011 年西安世界园艺博览会——自然馆
图片来源：http://www.baidu.com

图 4-159：2013 年锦州世园会——"水韵之舞剧场"
图片来源：http://img2.imgtn.bdimg.com

图 4-160：2013 年锦州世园会——"海
洋科学创意馆"
图片来源：http://www.tupain.com

图 4-161：2013 年锦州世园会——"国
际古生态馆"
图片来源：http://www.baidu.com

图 4-162：2013 年北京园博会——主题馆
图片来源：http://www.image.baidu.com

图 4-163：2013 年北京园博会——中国园林博物馆
图片来源：http://www.i1839.com

图 4-164：2014 年青岛世界园艺博览会——莲花馆
图片来源：作者拍摄

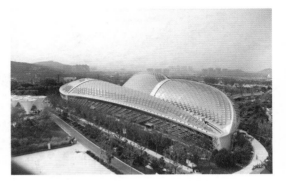

图 4-165：2014 年青岛世界园艺博览会——植物馆
图片来源：作者拍摄

图 4-166：2014 年青岛世界园艺博览会——主题馆
图片来源：http://www.landscape.cn

3. 展览性建筑

展览性建筑一般指城市展园、大师园、主题展览园里的亭、榭、廊、阁、楼、台、舫、厅堂等建筑物（图 4-167～图 4-178）。这些建筑物有的保留，有的展览后就拆除，每个城市展园的展览性建筑均体现地域文化特点，结合展览城市的地域文化符号的提取，结合提取的符号和元素进行建筑小品设计，丰富展览空间的内容。

图 4-167：2006 年沈阳世博会"江苏园"
图片来源：作者拍摄

图 4-168：2010 年台北花博会"花之隧道"
图片来源：作者拍摄

图 4-169：2011 年西安世博会"深圳园"
图片来源：作者拍摄

图 4-170～图 4-172：2011 年西安世园会"大师园"——四盒园
图片来源：http://www.chla.com.cn

图 4-173：2011 西安世园会"大师园"——万桥园
图片来源：作者拍摄

图 4-174：2013 年北京园博会"香港园"
图片来源：作者拍摄

图 4-175：2013 年北京园博会"大师园"——凹陷花园
图片来源：作者拍摄

图 4-177：2013 年北京园博会"杭州园"
图片来源：作者拍摄

图 4-176：2013 年北京园博会"武汉园"
图片来源：作者拍摄

图 4-178：2014 年青岛世园会"北京园"
图片来源：作者拍摄

5

THE LAYOUT DESIGN OF LANDSCAPE EXHIBITION

伍·展览性园林的布局设计

The Layout Design
of Landscape Exhibition ▌ 展览性园林的

伍 布局设计

图 5-1：2013 年锦州世界园林博览会国内园展区
图片来源：全景图文集——《锦州世博园》

一、展览场所与总体布局

展览性园林展览场所的选址直接影响展览空间的总体布局。

一般来说，庆典展览的展览场所需要选择人流较为集中、具有典型特性的场地，或者是城市主干道两侧和道路交叉口的绿地中。例如：城市中心广场、大型城市中心广场（如图 5-2）或滨水滨河等地带，或具有代表某种标志性场所的城市公共景观场所中，以及

城市主干道的出入口等场所。庆典展览的展览场所空间尺度较小，一般采用点状布局的形式，即使在线性空间的道路两侧，也是以点状布局进行装饰性设计。

商业展览场所主要是商业步行街的线性空间、购物中心广场的点状空间，以及地产公司售楼处外环境的点状空间，因此直接确定了商业展览布局主要是点状布局为主，即

图 5-2：2012 年国庆期间天安门广场庆典展览场景布置
图片来源：http://s1.sinaimg.cn

图 5-3：2011 年北京市西单商场门前的移动花坛
图片来源：http://www.chenjun195602.com

使在线性空间的步行街一般也是在出入口处呈点状布局（如图 5-3）。

人文展览一般在城市公园内或城市主要公共绿地中进行展览，因此其总体布局会结合原有场地的主出入口、道路系统、主要景观节点进行布展，一般呈分散式的布局形式。

综合性园林（园艺）博览会的展览场所（会址）的选择一般有两种方式：一种是选择在城市公园内进行，另一种是重新选择展览场所（如图 5-1）。

选择在城市公园内进行综合性园林（园艺）博览会的总体布局根据公园布局形式进行布展，重新选择展览场所进行综合性园林（园艺）博览会的，其总体布局受选择场所的影响较大，直接影响园林（园艺）博览会的主出入口、道路交通系统、展园分区布局设计等。

如 1999 年昆明世界园艺博览会新的展览会场址选址在昆明市郊的金殿名胜风景区内，区内沟壑纵横、山峦起伏，地形复杂，垂直高差 125 米，展览场所的地形直接影响展览会总体布局形式，决定了展览会总体布局为"以花园大道为主轴，以世纪广场为中心，结合地形呈分散式布局"（图 5-4）。

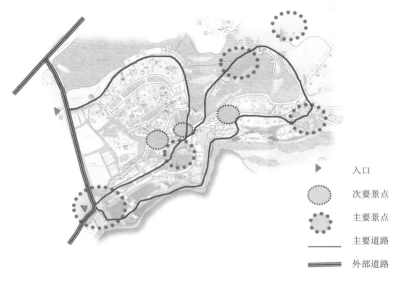

入口

次要景点

主要景点

主要道路

外部道路

图 5-4：1999 年昆明世园会场所区位分析示意图
图片来源：作者绘制

2006 年沈阳世界园艺博览会会址选址在沈阳棋盘山国际风景旅游开发区内"沈阳植物园"原址之上，展览场所内根据沈抚铁路线把展园分成 A、B 两大展区。主入口的广场选在会址北面的 B 区西侧沈棋公路一侧（如图 5-5）。

2014 年青岛世界园艺博览会会址选址在青岛市百果山森林公园内，东面是大海，背面是崂山，根据场地地形划分为主题区和体验区两部分，同时在园区内结合地形高差架设了观光索道（如图 5-6）。

以上在我国举办的三届世界园艺博览会的展览园区的布局都是根据会址的山地特点进行的布局。还有就是展览场所位于滨水空间的展览布局受水系限制所进行的布局规划设计。

如 2011 年西安世界园艺博览会会址选择在西安浐灞生态区内史称"灞上"的浐灞之滨的广运潭，因受水系的影响，主入口选在东北侧，也就确定了园区主要景观轴线为大致南北为主轴，东西为次轴的格局（如图 5-7、图 5-8）。

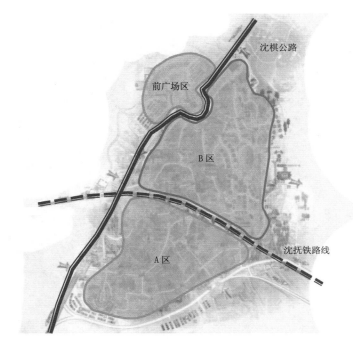

图 5-5：2006 年沈阳世园会场所区位分析示意图
图片来源：作者绘制

图 5-6：2014 年青岛世园会场所区位分析示意图
图片来源：作者绘制

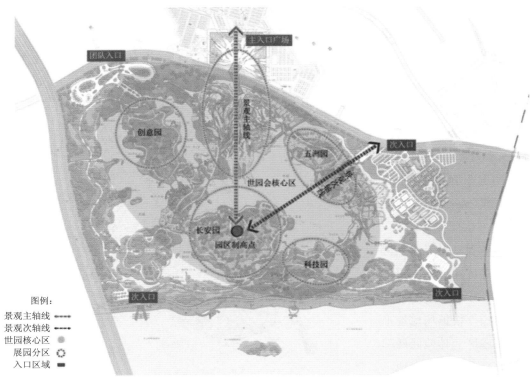

图 5-7：2011 年西安世园会场所区位分析示意图
图片来源：作者绘制

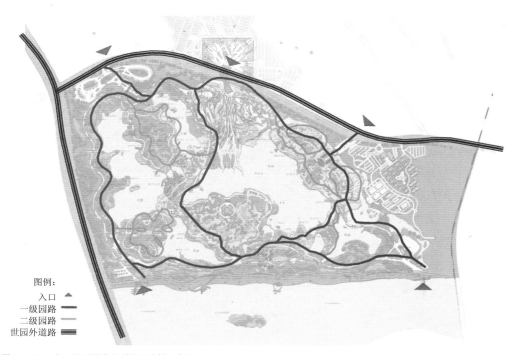

图 5-8：2011 年西安世园会场所路网分析示意图
图片来源：作者绘制

2013 年锦州世界园艺博览会会址选择在锦州龙栖湾新区填海造地的渤海岸边，地势平坦开阔，主轴线的景观聚焦到滨水处，形成两条宽敞开阔的景观大道（如图 5-9、图 5-10）。

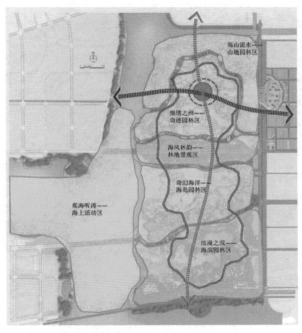

图 5-9：2013 年锦州世园会场所区位分析示意图
图片来源：作者绘制

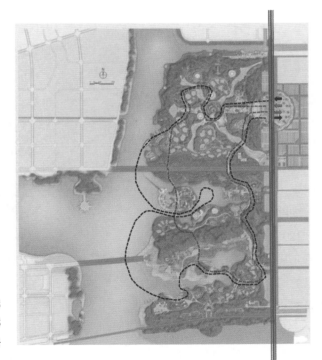

------ 海上路线
------ 陆上路线
━━━━ 外部道路

图 5-10：2013 年锦州世园会场所路网分析示意图
图片来源：作者绘制

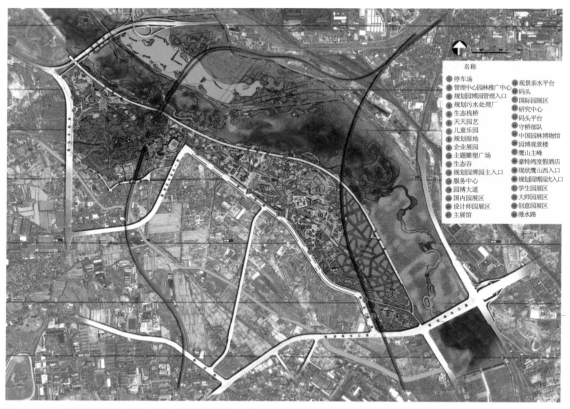

图 5-11：2013 年第九届中国（北京）国际园艺博览会总平面图
图片来源：http://www.tupain.com

名称

① 停车场
② 管理中心园林推广中心
③ 规划园博园管理入口
④ 规划污水处理厂
⑤ 生态栈桥
⑥ 天天园艺
⑦ 儿童乐园
⑧ 规划湿地
⑨ 企业展园
⑩ 主题雕塑广场
⑪ 生态谷
⑫ 规划园博园主入口
⑬ 服务中心
⑭ 园博大道
⑮ 国内园展区
⑯ 设计师园展区
⑰ 主展馆

⑱ 观景亲水平台
⑲ 码头
⑳ 国际园展区
㉑ 研究中心
㉒ 码头平台
㉓ 守桥部队
㉔ 中国园林博物馆
㉕ 园博观景楼
㉖ 鹰山主峰
㉗ 豪特鹰湾度假酒店
㉘ 现状鹰山西入口
㉙ 规划园博园次入口
㉚ 学生园展区
㉛ 大师园展区
㉜ 创意园展区
㉝ 漫水路

2013 年第九届中国（北京）国际园艺博览会会址选择在北京市丰台区长辛店镇境内的永定河新右堤，展览场所延水系形成狭长的展览空间，但是地势平坦，总体布局就会根据场所现状采用"一轴、一带、多核心"的结构形式（图 5-11、图 5-12）。

以上在我国举办的几届世界园艺博览会和我国的国家级园博会的总体布局都会受选择的展览场所的现有条件限制，无论是山地沟谷条件还是滨水开阔空间，展览

● 中心区
▦▦▦ 一轴
▦▦▦ 一带

图 5-12：2013 年第九届中国（北京）国际园艺博览场所区位分析示意图
图片来源：作者绘制

空间总体布局都会结合展览场所现有自然条件进行总体规划布局设计。

二、总体布局形式

在前面展览场所与总体布局内容里主要阐述了展览场所的选择对总体布局的影响，在这章节里主要说明展览性园林作为一个独立的展览空间其布局形式有哪几种类型。

展览性园林总体布局形式根据展览类别和展览场所不同而有差别。庆典展览一般采用点状布局（图5-13～图5-18），商业展览一般采用线性布局和多点式（图5-19～图5-24），人文展览根据展览内容采用多个场所布点的形式（图5-25、图5-26），综合性园林（园艺）博览会结合场所的总体布局形式一般采用轴线式、环线式或轴线和环线混合式、组团式布局等四种总体布局形式。总体布局形式多与选址的地形以及主题的展开方式有关。

图5-13：2011年北京天安门广场前国庆节期间喷泉和鲜花图案展览
图片来源：http://www.tupain.com

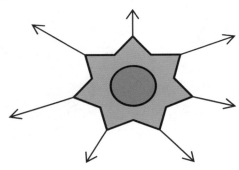

图5-14：庆典展览点状布局图示
图片来源：作者绘制

图5-15：2012年成都市中心广场某庆典活动现场
图片来源：http://img5.imgtn.bdimg.com

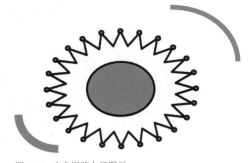

图5-16：庆典展览布局图示
图片来源：作者绘制

图5-17：2013年某市民广场上举行庆典活动现场
图片来源：http://www.tupain58.com

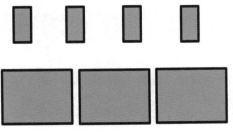

图5-18：庆典展览布局图示
图片来源：作者绘制

图 5-19：2011 年某商业街绿化景观布置
图片来源：http://www.tupain.com

图 5-20：商业展览布局图示
图片来源：作者绘制

图 5-21：2012 年某商业步行街夜景
图片来源：http://data1.act3.qq.com

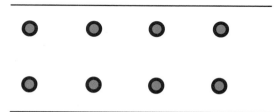

图 5-22：商业展览线状及多点式布局图示
图片来源：作者绘制

图 5-23：2011 年德国某商场前店庆活动现场
图片来源：http://img1.imgtn.bdimg.com

图 5-24：商业展览多点状布局图示
图片来源：作者绘制

图 5-25：2012 年第十三届中国（舟山）国际沙雕节
图片来源：http://blog.sina.com.cn

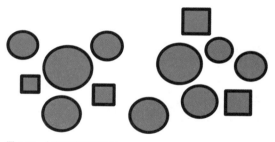

图 5-26：人文展览布局图示
图片来源：作者绘制

如 1999 年昆明世界园艺博览会根据展览场所地形台地层层升高的特点，整个会场规划采用"纵向三段式轴线紧凑型"组团式总体布局形式，以一条地面道路环使之有机联系起来（图 5-27）。前段由景前区、中国室外展区、中国馆、大温室、人与自然馆构成。中段由国际室外展区、科技馆、国际馆构成；后段由金殿风景名胜区构成，以大片的森林植被为背景。总体布局形式通过主入口的花园大道进入世纪广场，以世纪广场为中心，结合地形呈分散式布局，主要是三大室外展区（国内、国际、企业）、四大广场（迎宾广场、世纪广场、华夏广场、艺术广场）、五大展馆（中国馆、人与自然馆、大温室、科技馆和国际馆）、六个专题园（竹园、茶园、蔬菜瓜果园、药草园、盆景园和树木园）（图 5-28）。

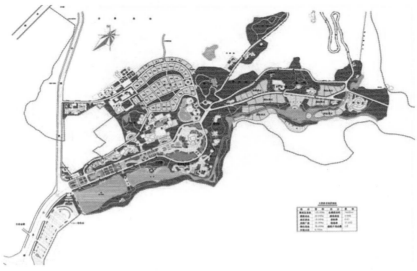

图 5-27：1999 年昆明园博会总体规划平面图
图片来源：http://blog.sina.com.cn

图 5-28：1999 年昆明园博会总体布局形式示意图
图片来源：作者绘制

2006 年沈阳世界园艺博览会总体布局形式采用"一环带三区，多点缀林中"的总体结构（图 5-29），也就是环线式总体布局形式。园区功能分区分为两大板块，即园艺观赏区和休闲娱乐区。主入口广场、两个室外园区（国际园和国内园）、两个室内展馆（百花馆和玫瑰园）、二十个专题园（图 5-30）。

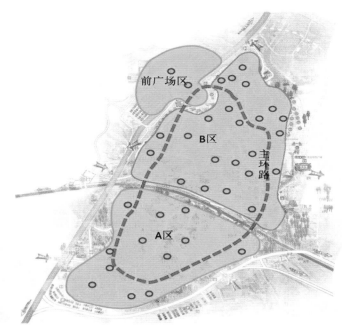

图 5-29：2006 年沈阳园博会总体布局形式示意图
图片来源：作者绘制

图 5-30：2006 年沈阳园博会分区图示
图片来源：作者绘制

2007 年第六届中国（厦门）国际园林花卉园博会和 2009 年第七届中国（济南）国际园林花卉园博会均采用轴线式总体布局形式。（图 5-31、图 5-32）

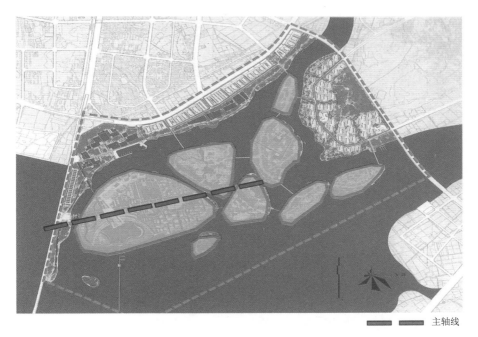

主轴线

图 5-31：2007 年第六届厦门园博会总体布局图示
图片来源：作者绘制

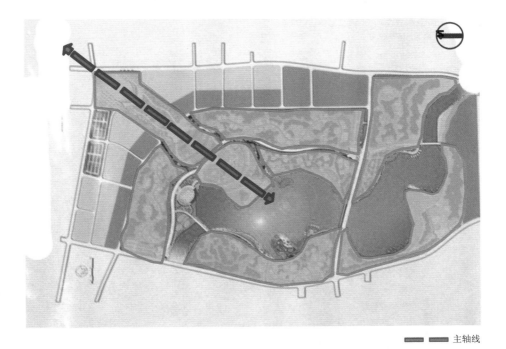

主轴线

图 5-32：2009 年第七届济南园博会总体布局图示
图片来源：作者绘制

2011 年西安世界园艺博览会园区规划的总体结构为"两环、两轴、五组团"，也就是轴线和环线混合式总体布局形式（图5-33）。其中，"两环"分为主环和次环。主环为核心展区，主要分布有室外展园和园艺景点；次环为扩展区，布置世园村、管理中心等服务配套设施。"两轴"是指园区内的两条景观轴线，南北为主轴，东西为次轴。"五组团"分别为长安园、创意园、五洲园、科技园和体验园五个组团。四大标志性建筑有长安塔、创意馆、自然馆和广运门；五大主题园艺景点分别是长安花谷、五彩终南、丝路花雨、海外大观和灞上彩虹（图5-34）。

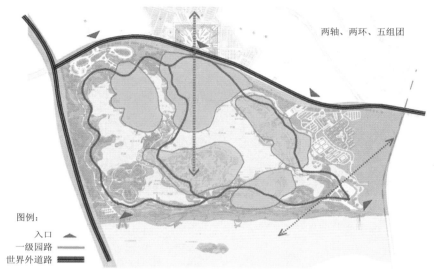

图 5-33：2011 年西安园博会总体结构示意图
图片来源：作者绘制

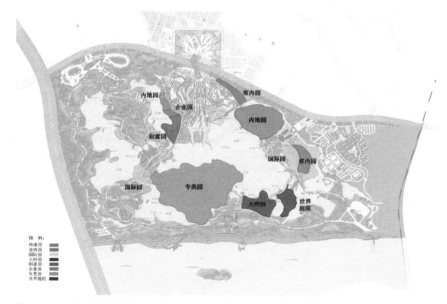

图 5-34：2011 年西安园博会功能分区示意图
图片来源：作者绘制

2013 年锦州世园会的总体布局形式为："一心一环，两轴六区"，也属于轴线和环线混合式总体布局形式（图 5-35、图 5-36）。"一心"是指海洋之心，位于园区主入口的视线通廊上，也是园区主轴的核心节点。"一环"即人车共行的游赏主动线，配合北、中、南区的三条人行游览动线；"两轴"即海洋园林风情游览轴，由东向西空间序列为海星广场、海韵大道、海洋科学创意馆、最后到达梦想之源。海洋特色文化展览轴，由北向南空间序列为国际古生态馆、水韵之舞剧场、万花塔、台湾大花园等。"六区"分别为山地园林区、奇迹园林区、林地景观区、海岛园林区、海滨园林区和海上活动区，包含了"高山流水""锦绣之州""海风林韵""奇幻海洋""浪漫之滨"和"观海听涛"六大旅游特色园区。

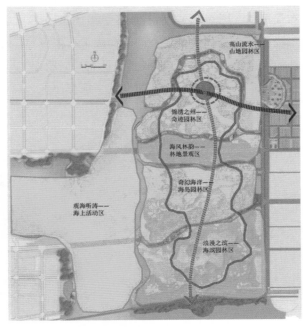

图 5-35：2013 年锦州园博会总体布局形式示意图
图片来源：作者绘制

图 5-36：2013 年锦州世园会总体鸟瞰效果图
图片来源：http://www.yododo.com

2013 年第九届中国（北京）国际园艺博览会总体规划布局形式设计采用"一轴、一带、多园区"的结构形式，属于轴线式总体布局形式（图 5-37）。所有展区呈组团布局，形成了开合变化的景观空间，构成了有张有弛的游览结构，解决了狭长地块的布局问题。整体空间体现了"一轴、两区、三地标、五

展园"的规划布局。"一轴"即园博轴，是一条由园林博物馆至功能性湿地的南北向景观轴线；"两区"即园博湖景区和下沉式花园景区锦绣谷；"三地标"即园博会的三大标志性建筑：永定塔、中国园林博物馆和主展馆；"五展园"即传统展园、现代展园、创意展园、国际展园和湿地公园（图 5-38）。

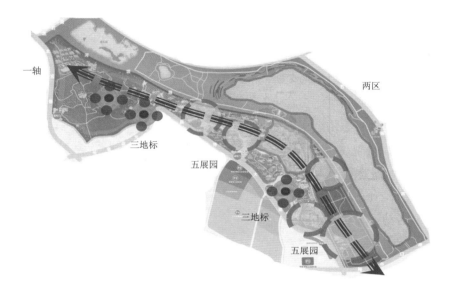

图 5-37：2013 年北京园博会总体布局形式示意图
图片来源：作者绘制

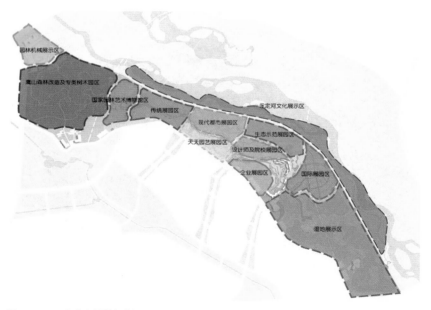

图 5-38：2013 年北京园博会功能分区图示
图片来源：作者绘制

2014 年青岛园博会园区总体规划创意可概括为"天女散花、天水地池、七彩飘带、四季永驻"（图 5-39）。

园区总体规划结构可概括为"两轴十二园"，属于轴线式和组团式相结合的总体布局形式（图 5-40）。两轴分别为南北向的"鲜花大道轴"（花轴）和东西向的"林荫大道轴"（树轴）（图 5-41）；"十二园"为主题区（中华园、花艺园、草纲园、童梦园、科学园、绿业园、国际园）七个园和体验区（茶香园、农艺园、花卉园、百花园、山地园）五个园

（图 5-42、图 5-43）。

图 5-39：2014 年青岛世园会鸟瞰图
图片来源：http://image.baidu.com

图 5-40：2014 年青岛世园会总体规划平面图
图片来源：http://www.maoyiw.com

图 5-41：2014 年青岛世园会重要节点分布图示
图片来源：作者绘制

图 5-42：2014 年青岛世园会路网组织形式示意图
图片来源：作者绘制

图 5-43：2014 年青岛世园会总体布局形式示意图
图片来源：作者绘制

三、个体空间布局

个体空间布局形式主要针对综合性展览园林而言，指各级别、各类别的园博会上的城市展园、主题展园、大师展园等相对独立、场地面积相对较小的展园空间的布局形式。个体空间布局往往注重参观者心理及视觉上的感受，通过道路及园林构筑物的设计，最大化的展现出设计师对场地的理解和对该展园主题的把握。

个体空间布局形式多样，灵活多变，适应展览场地地形变化能力较强。各个展园的个体空间一般面积较小，空间尺度小，因此在布局形式上充分利用场地自然条件，合理增加构筑物，巧妙设计游线来丰富景观空间。个体空间的布局形式按其展园空间形态可分为：几何形、自然形、对称形、不规则形、散点形、线形、斑块形等几种形态（图5-44～图5-61）。按其展园布局方式可分为：自然式、规则式和混合式三种形式。

图 5-44：2013 年锦州世园会——月季园
图片来源：《锦州世博园大型全景图文集》

图 5-45：布局形式分析图示 1
图片来源：作者绘制

图 5-46：2013 年锦州世园会——葫芦岛园
图片来源：《锦州世博园大型全景图文集》

图 5-47：布局形式分析图示 2
图片来源：作者绘制

图 5-48：2013 年锦州世园会——法国园
图片来源：《锦州世博园大型全景图文集》

图 5-49：布局形式分析图示 3
图片来源：作者绘制

图 5-50：2013 年锦州世园会——本溪园
图片来源：《锦州世博园大型全景图文集》

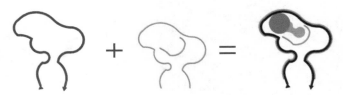

图 5-51：布局形式分析图示 4
图片来源：作者绘制

图 5-52：2013 年锦州世园会——巴基斯坦园
图片来源：《锦州世园会集锦》

图 5-53：布局形式分析图示 5
图片来源：作者绘制

图 5-54：2013 年锦州世园会——铁岭园
图片来源：《锦州世园会集锦》

图 5-55：布局形式分析图示 6
图片来源：作者绘制

图 5-56：2013 年锦州世园会——杜鹃园
图片来源：《锦州世园会集锦》

图 5-57：布局形式分析图示 7
图片来源：作者绘制

图 5-58：2013 年锦州世园会——荷兰园
图片来源：《锦州世园会集锦》

图 5-59：布局形式分析图示 8
图片来源：作者绘制

图 5-60：2013 年锦州世园会——荷兰园
图片来源：《锦州世园会集锦》

图 5-61：布局形式分析图示 9
图片来源：作者绘制

对于城市展园等小尺度空间的空间形态构成上应该强化空间的领域感，主要通过展园的道路设计、植物配置、水景等元素的布局设计，特别是对于个体空间边界设计，通过绿篱、景墙、标识、地面材质变化等设计手法与周边环境相融合，营造立体的、多层次化个体空间形式，使空间具有丰富性和复合性，满足游览者观赏展园时的心理需求（图 5-62 ～图 5-70）。

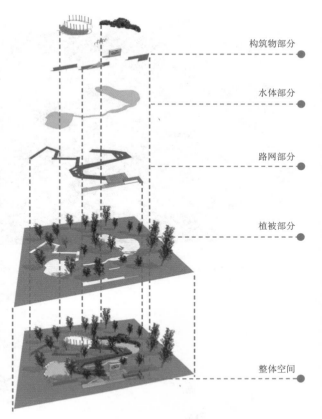

构筑物部分

水体部分

路网部分

植被部分

整体空间

图 5-62：2013 年锦州世园会上"朝阳园"入口
图片来源：http://image.baidu.com

图 5-63：2013 年锦州世园会"朝阳园"空间布局分析图示
图片来源：作者绘制

图 5-64：2013 年锦州世园会"朝阳园"俯瞰实景照片
图片来源：《锦州世园会集锦》

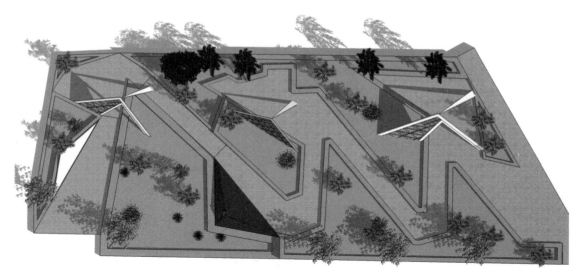

图 5-65：2014 年青岛世园会"香港园"平面分析图示
图片来源：作者绘制

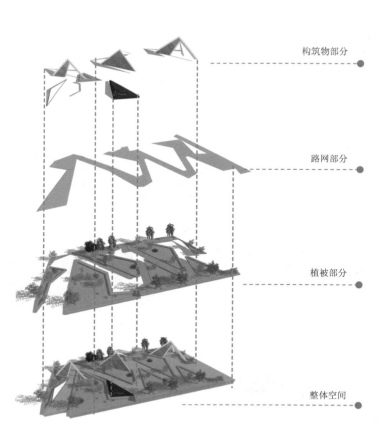

构筑物部分

路网部分

植被部分

整体空间

图 5-66：2014 年青岛世园会香港园空间布局分析图示
图片来源：作者绘制

图 5-67 ～图 5-70：2014 年青岛世园会"香港园"现场照片

图片来源：作者拍摄

不同展园的个体空间构成一般都根据展园具体位置、地形等因素进行道路设计、建筑物与构筑物、植物配置、排水系统设施等要素布局（图 5-71～图 5-76）。个体空间受空间尺度和环境的制约，小尺度空间内植物的选择为了不影响园林景观展览效果，且适于人的近距离观赏，植物配置尽量运用紧凑型的配置形式。

不同展园的个体空间中对于水景的设计也是多样化的。因为受空间尺度的限制，水景设计往往采用多种形式的综合运用，动静相配，叠水、喷泉、自然型静水池等，按照主次景的分布，形成系统。

图 5-71：2014 年青岛世园会上的"上海园"
图片来源：作者拍摄

图 5-72：2014 年青岛世园会上的上海园
图片来源：作者拍摄

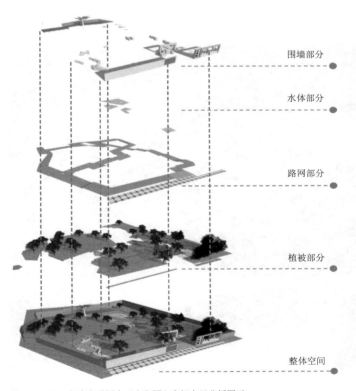

围墙部分

水体部分

路网部分

植被部分

整体空间

图 5-76：2014 年青岛世园会"上海园"空间布局分析图示
图片来源：作者绘制

图 5-73～图 5-75：上海园内实景照片
图片来源：作者拍摄

个体空间布局形式根据设计师表达意图采用围合式、开敞式或半开敞式进行空间构成设计，在围合式或半开敞式的个体空间构成中景墙是不可或缺的构筑物，形式不拘一格，功能跟随形式而设定，材料丰富多样。景墙在个体展览空间中起着防护、划分范围、分隔空间、漏景、障景以及作为背景墙等作用（如图5-77）。

个体展园空间布局设计时应充分考虑各展区地形环境的特征、展览主题文化的负载等，通过融入人文内涵、体现地区文化、尊重地况地貌等手段强化游览者的记忆认识，从而形成具有凝聚力的个体展园空间（如图5-78）。

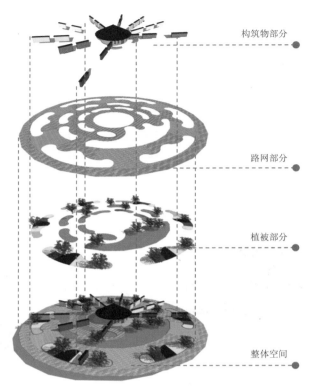

构筑物部分

路网部分

植被部分

整体空间

图 5-77：2013 年锦州世园会"英国园"空间布局分析图示
图片来源：作者绘制

图 5-78：2013 年锦州世园会中的"英国园"
图片来源：《锦州世园会集锦》

6

THE SPACE DESIGN OF LANDSCAPE EXHIBITION

陆·展览性园林的空间设计

一、空间形态构成

二、空间尺度与比例

三、主题表达

四、符号、肌理与色彩

五、空间与艺术介入

六、空间边界

The Space Design
of Landscape Exhibition

展览性园林的

空间设计

陆

图 6-1：2013 年锦州世界园林博览会入口区鸟瞰
图片来源：全景图文集——《锦州世博园》

一、空间形态构成

　　展览性园林空间形态构成一般指综合性的各级别、各类别的园林（园艺）博览会的展览空间形态构成。因为庆典展览、商业展览基本都是点状布局形式，展览空间构成应该是和展览场所周边的环境色彩、尺度相协调，因此在此不做专门的空间形态构成说明。

　　对于展览性园林空间形态应该从两方面进行说明，一方面是园博会的总体空间形态

（图 6-1），另一方面是园博会总体展览空间内的不同展园的个体空间形态。

　　园博会的总体空间形态受园博会选址的地理条件（如山地、水系或交通等）的限制，使园博会的总体空间形态为了适应展览场所现状而呈现不同的空间形态。

　　根据我国举办的几届世界园艺博览会和近年来举办的国家级园博会等总体空间形态构

成分析，总结为四种空间形态，分别为放射状形态、环绕＋轴线形态、带状形态、核心形态（一核、多核）四种空间形态。1999年昆明园博会和2014年青岛园博会等为放射状形态（图6-2～图6-4）、2006年沈阳园博会为环线形态（图6-5、图6-6）、2011年西安园博会等为多核心的形态（图6-7、图6-8）、2013年锦州园博会等为环绕＋轴线形态（图6-9、图6-10），2013年第九届中国（北京）国际园艺博览会为轴线带状形态（图6-11）。

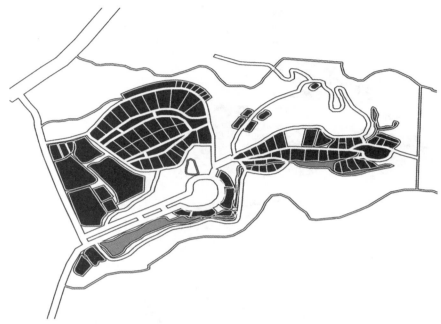

图6-2：1999年昆明世园会形态构成分析图——放射状形态
图片来源：作者绘制

图6-3：2014年青岛世园会形态构成分析图——放射状形态
图片来源：作者绘制

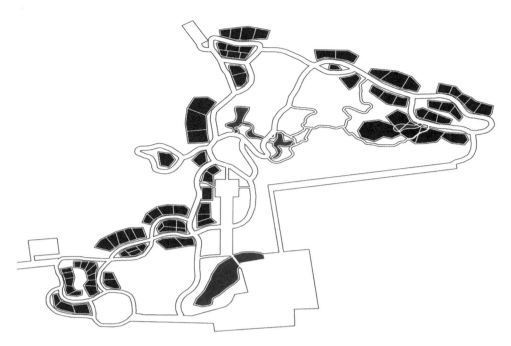

图 6-4：2004 年第五届深圳园博会形态结构图示——放射状形态
图片来源：作者绘制

图 6-5：2006 年沈阳园博会形态构成分析图——环线形态
图片来源：作者绘制

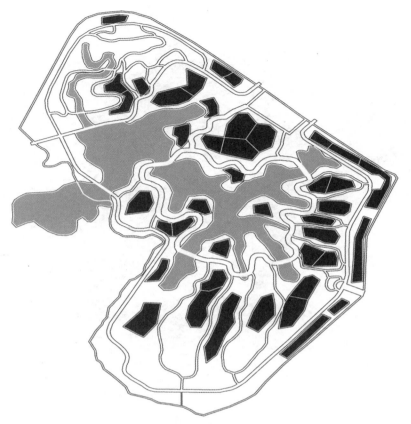

图 6-6：2011 年第八届重庆园博会形态结构图示——环线形态
图片来源：作者绘制

图 6-7：2011 年西安园博会形态构成分析图——多核心的形态
图片来源：作者绘制

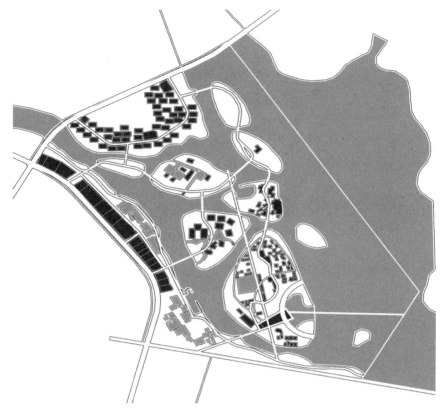

图 6-8：2007 年第六届厦门园博会形态结构图示——多核心的形态
图片来源：作者绘制

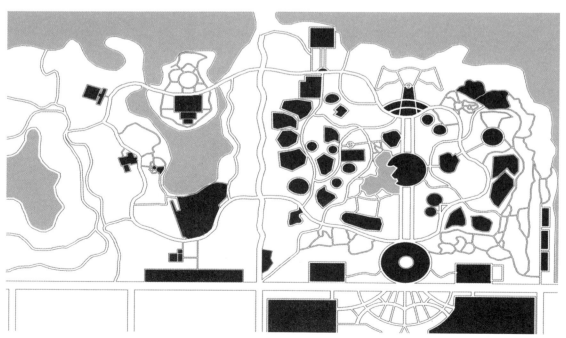

图 6-9：2013 年锦州园博会形态构成分析图——环绕 + 轴线形态
图片来源：作者绘制

图 6-10：2009 年第七届济南园博会形态结构图示——环绕 + 轴线形态

图片来源：作者绘制

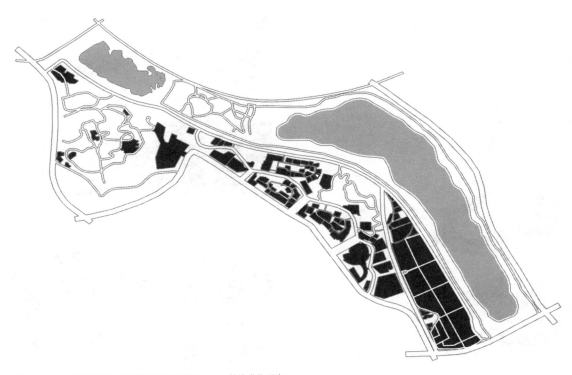

图 6-11：2013 年第九届北京园博会形态结构图示——轴线带状形态

图片来源：作者绘制

空间形态不同，就会有不同的视觉观赏效果，一般来说轴线形空间形态的空间视觉冲击力较强，放射状形态的次之，环线形空间形态的视觉冲击力较弱。

园博会总体展览空间内的不同展园的个体空间形态根据设计师的设计手法和理念的差异而呈现灵活多样的空间形态（图 6-12～图 6-41）。

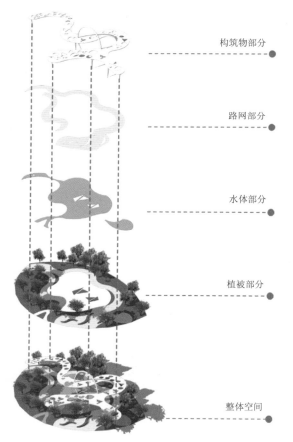

图 6-12：2013 年北京园博会"天津园"
图片来源：http://www.tupain58.com

构筑物部分

路网部分

水体部分

植被部分

整体空间

图 6-13：2013 年北京园博会"天津园"空间分析图示
图片来源：作者绘制

图 6-14～图 6-17：2013 年北京园博会"天津园"实景照片
图片来源：作者拍摄

虽然不同展园的个体空间形态根据设计师的设计手法和理念的差异而不同，但是基本都是和展览城市的地域文化和庭院空间构成元素相关联。

例如 2013 年北京园博会中的"北京园"就是根据北京皇家园林的城市、城郊及山地 3 种模式，对其特点进行提炼，依场地重新组合，构成北京园的基本骨架。全园主要由 3 个空间组成，以"明春院"皇家四合院园林为中心，向北二进院落的皇家离宫型园林"山水园"为主轴线，向西与跨院的皇家山地园林"知秋园"形成副轴线。展园整体肌理体现庄

重、整齐，体现皇家园林的宏大气势，色彩以红色彰显皇家气派，布局规则整齐，建筑富丽（图 6-18～图 6-23）。

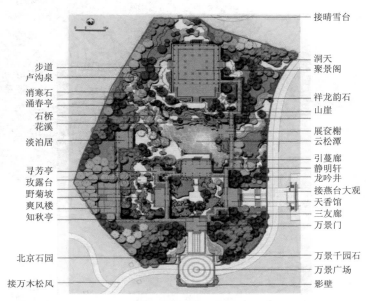

图 6-18：2013 年北京园博会"北京园"总平面图
图片来源：《达意、传神、纳新——第九届园博会北京园设计思路》

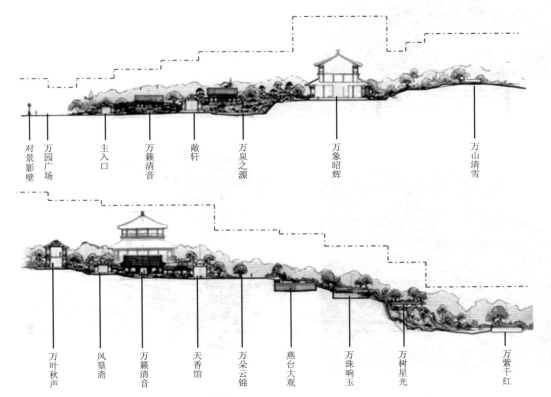

图 6-19：2013 年北京园博会"北京园"立面分析图
图片来源：《达意、传神、纳新——第九届园博会北京园设计思路》

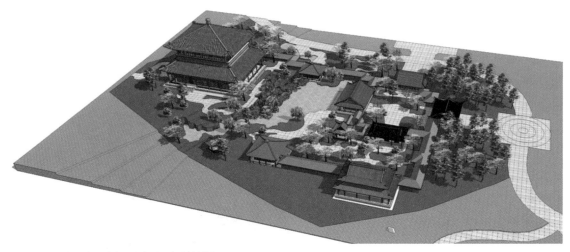

图 6-20：2013 年北京园博会"北京园"鸟瞰效果图
图片来源：作者绘制

图 6-21：2013 年北京园博会"北京园"内实景照片
图片来源：http://you.big5.ctrip.com

图 6-22：2013 年北京园博会"北京园"内实景照片
图片来源：http://www.tupain.com

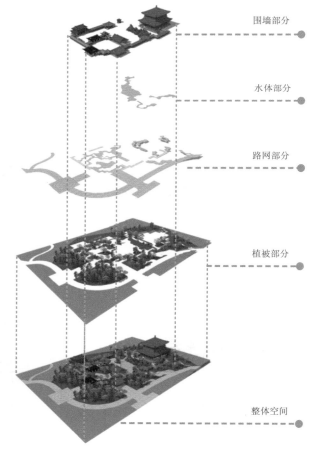

围墙部分

水体部分

路网部分

植被部分

整体空间

图 6-23：2013 年北京园博会"北京园"空间分析图示
图片来源：作者绘制

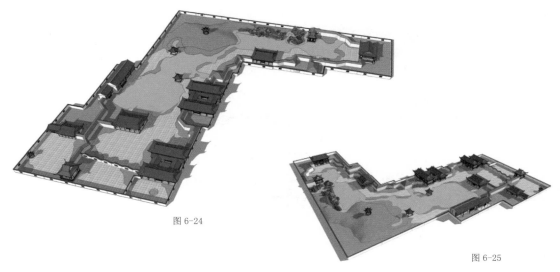

图 6-24

图 6-25

图 6-24、图 6-25：2013 年北京园博会"江南园"鸟瞰效果图
图片来源：作者绘制

2013 年中国（北京）国际园林博览会的"忆江南"展园是以苏州古典园林和南京瞻园为蓝本设计的园林景观，占地面积约 20 亩。共有 17 个景点，包括门厅、荷花厅、冷泉亭、芙蓉榭、舒啸亭、览胜阁等。"忆江南"中的瞻园，占地 5000m²，约为南京瞻园的五分之一，占"忆江南"园区的三分之一。包括静妙堂、一览阁、花篮厅、画舫等四大美景。展园整体肌理体现山水之美，注重园林的文学趣味；色彩以淡雅相尚。布局自由，建筑朴素，既有传统造园精华和现代园林艺术之长，又融南方之秀与北方之雄，达到了"虽由人作，宛自天开"的艺术境界。与"北京园"的皇家园林形成鲜明对比（图 6-24 ～图 6-32）。

图 6-26

图 6-27

图 6-28

图 6-26 ～图 6-28：2013 年北京园博会"忆江南园"
图片来源：作者拍摄

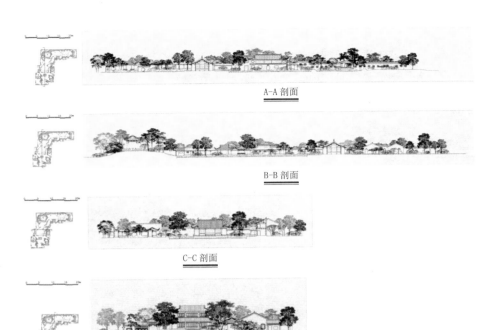

A–A 剖面

B–B 剖面

C–C 剖面

D–D 剖面

图 6-29：2013 年北京园博会"忆江南园"立面分析图
图片来源：《2013 年北京园博会"江南园林"之忆》

图 6-30

图 6-31

图 6-30、图 6-31：2013 年北京园博会"忆江南园"照片
图片来源：作者拍摄

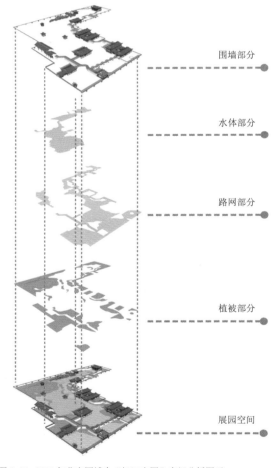

围墙部分

水体部分

路网部分

植被部分

展园空间

图 6-32：2013 年北京园博会"忆江南园"空间分析图示
图片来源：作者绘制

图例:

1 西入口地形景观
2 西入口折纸状艺术门
3 入口杜鹃花
4 园艺折纸廊
5 屋顶景观平台
6 折纸盒
7 大地艺术及滤水墙
8 水中树池与镜面中央水池
9 水中折纸状园艺小品
10 愿望树
11 大地艺术
12 折形花带与蝶
13 背景密林
14 折纸小品坐等

图 6-33:2011 年西安世园会"深圳园"平面图
图片来源:http://www.tupain.com

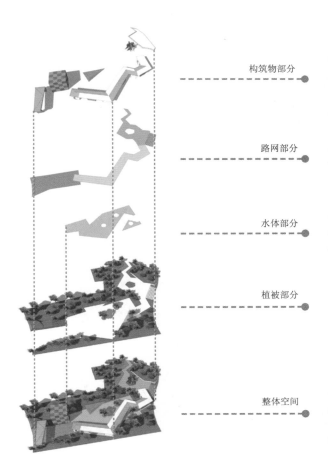

构筑物部分

路网部分

水体部分

植被部分

整体空间

图 6-34:空间分析图示
图片来源:作者拍摄

图 6-35、图 6-36:2011 年西安世园会"深圳园"实景
图片来源:http://www.tupain58.coml

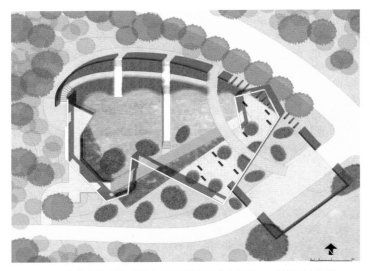

图 6-37：2007 年第六届中国（厦门）国际园林博览会大师园——"竹园"平面图
图片来源：http://www.tupain.com

图 6-38

图 6-39

图 6-38、图 6-39：2007 年厦门园博会"竹园"
内景照片
图片来源：http://www.tupain.com

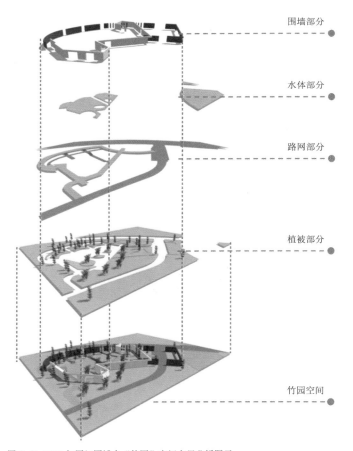

围墙部分

水体部分

路网部分

植被部分

竹园空间

图 6-40：2007 年厦门园博会"竹园"空间布局分析图示
图片来源：作者制作

图 6-41：2007 年厦门园博会"竹园"空间构
成分析图示
图片来源：http://www.tupain.com

二、空间尺度与比例

展览性园林中空间尺度与比例的合理化程度直接影响展览效果。如庆典展览、商业展览中花坛、花篮、植物造型的大小要根据展览空间的尺度来确定（如图 6-42、图 6-43）。在展览性园林设计中，空间尺度侧重的是展览空间与展览构成元素之间相对大小的关系。空间

尺度与比例的合理化依据其尺度的人性化设计合理化程度来确定，展览空间尺度的人性化设计决定展览空间带给人的感受，而这种感受恰恰成为人们评论展览园林空间好坏的重要依据（图 6-44）。人文展览也会根据展览场所空间尺度大小确定展览艺术品的布置。

图 6-42：2011 年国庆期间天安门广场放置的巨型花篮空间比例图示
图片来源：作者绘制

图 6-43：2013 年某商业步行街主要雕塑与周边环境比例
图片来源：作者绘制

图 6-44：2014 年国外某花卉专类展园立面图示
图片来源：作者绘制

对于综合性的各级别、各类别的园林（园艺）博会的展览空间尺度与比例，应该分大尺度空间和小尺度空间两种空间尺度来说明。一般园博会总体布局中的主出入口、景观轴、广场、主要标志性建筑等空间，为了方便人流集聚和疏散，空间尺度较大，属于大尺度空间（图 6-45～图 6-47）。而园博会内的不同城市展园、主题展园、大师园等的展览空间，由于展览场所面积的限制，展览空间较小，属于小尺度空间（图 6-48～图 6-64）。

图 6-45：2011 年西安世园会总体平面图
图片来源：http://www.expo2011.cn

图 6-46：2011 年西安世园会总体平面图 A-A'立面图

图 6-47：2011 年西安世园会总体平面图 B-B'立面图

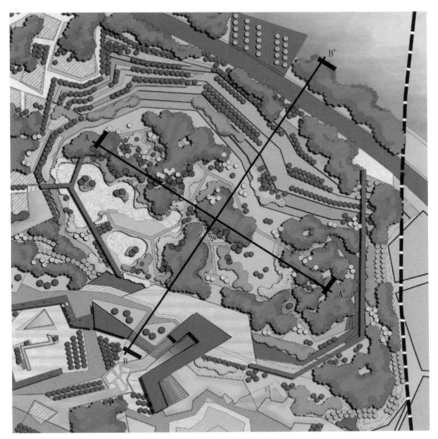

图 6-48：2013 北京园博会"生态谷"平面图
图片来源：《北京园博会规划设计方案图集》

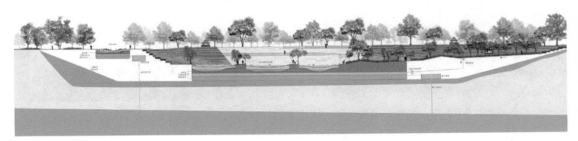

图 6-49：2013 北京园博会"生态谷"A-A'立面
图片来源：《北京园博会规划设计方案图集》

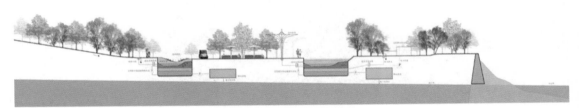

图 6-50：2013 北京园博会"生态谷"B-B'立面
图片来源：《北京园博会规划设计方案图集》

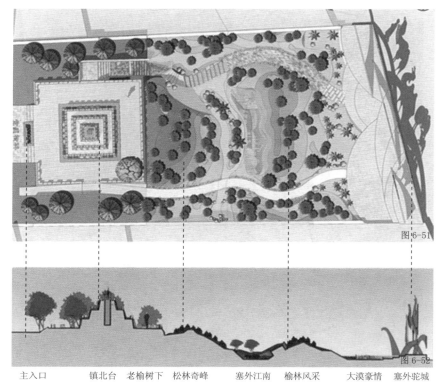

主入口　　　镇北台　老榆树下　松林奇峰　　塞外江南　榆林风采　　大漠豪情　塞外驼城

图 6-51、图 6-52：2011 西安世园会"榆林园"平、立面图
图片来源：《西安世园会规划方案图集》

图 6-53、图 6-54：2011 西安世园会"榆林园"效果图
图片来源：《西安世园会规划方案图集》

图 6-55 ～ 图 6-57：2011 西安世园会榆林园实景
图片来源：作者拍摄

图 6-58：2011 年西安世园会"唐山园"效果图
图片来源：http://tieba.baidu.com

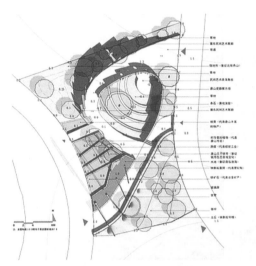

图 6-59：2011 年西安世园会"唐山园"平面图
图片来源：http://tieba.baidu.com

图 6-60～图 6-62：2011 年西安世园会"唐山园"效果图
图片来源：http://tieba.baidu.com

图 6-63：2011 年西安世园会"唐山园"立面图 1
图片来源：http://tieba.baidu.com

▲ 场地 1-1 剖面图

图 6-64：2011 年西安世园会"唐山园"立面图 2
图片来源：http://tieba.baidu.com

三、主题表达

展览性园林的主题性是一个展览性园林的核心。在展览性园林设计的全过程中，主题的表达依附在展览园林的这个功能体与审美对象上，利用园林艺术手法，将主题的艺术形象生动的表现出来，为主题赋予形状，融情入景。

对于展览性园林的主题表达，无论是庆典展览、商业展览、人文展览还是大规模的世界园艺博览会等综合类展览，展览主题表达方式一般可以概括为两种：一是以"形"表达，一是以"意"表达。

以"形"表达就是以展览空间布局、园林构筑物、小品等具象形体对主题进行表达。如庆典展览，对于国庆、元旦、春节等重大节日，展览的主题表达形式往往结合主题的

文化性提取符号，然后以景墙、小品、花篮等形式进行展览（图6-65、图6-66）。如春节庆典展览一般都用十二生肖的形象以小品形式展览（图6-67、图6-68）。奥运会、青运会等体育活动庆典展览一定会以具体的体育运动形象表达主题（图6-69、图6-70）。综合性的各级别、各类别的园林（园艺）博会的展览主题表达的以"形"表达体现在两个方面，一方面体现在选址或总体规划布局形式上（图6-71、图6-72），一方面体现在标志性建筑上（图6-73），而园博会上的城市展园等展园以"形"表达展览主题主要体现在园林小品建筑上。如园林建筑的地域文化符号表达、建筑风格等等（图6-74～图6-78）。以"形"表达展览主题具有直观性，便于理解。

图6-65：2012年天安门广场国庆节花篮
图片来源：http://misc.home.news.cn

图6-67：2005年某城市"鸡"年春节街头展览公鸡形象的雕塑
图片来源：http://img.c-c.com

图6-66：2008年北京奥运会庆典会场的花车表演
图片来源：http://img1.imgtn.bdimg.com

图6-68：2015年营口市"辽河广场"上羊年形象雕塑
图片来源：http://www.talentfoto.com

图 6-69：2010 年广州亚运会期间的运动形象植物造型展
图片来源：http://hiphotos.baidu.com

图 6-70：2008 年北京植物园"五环连五洲世界花卉展"
图片来源：http://www.tupain58.com

赤橙黄绿青蓝紫，谁持彩练当空舞？山水园林花草石，天地一色在人间。

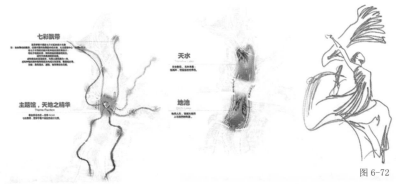

图 6-72

园区总体规划创意可概括为"天女散花、天水地池、七彩飘带、四季永驻"。七仙女俯身撒下的七彩花瓣融进了百果山，使得天地在此交融、日月在此回转……

图 6-71、图 6-72：2014 年青岛世园会总体布局创意来源图示
图片来源：http://image.baidu.com

图 6-73：2013 年锦州世园会主入口建筑
图片来源：http://img.pconline.com.cn

图 6-74：2014 年青岛世园会上以"晋文化"为主题的山西园
图片来源：作者拍摄

图 6-75：2013 年第九届北京园博会上"阿拉伯园"
图片来源：作者拍摄

图 6-77：2013 年第九届北京园博会上"鄂尔多斯园"
图片来源：作者拍摄

图 6-76：2012 荷兰（芬洛）世界园艺博览会上的"中国园"
图片来源：http://blog.sina.com.cn

图 6-78：2011 西安世园会上的"新疆园"
图片来源：http://blog.sina.com.cn

以"意"表达展览主题主要体现在设计理念方面，也就是我们常说的"概念"设计。通过"概念"设计主题性表达设计对场地、对园林空间的认识和解读。因为园博会自举办以来就是设计师发挥创新的场所，符合时代发展的新理念、新材料、新工艺都会在园博会上展览出来，这些新的理念会带动园林设计的新方法和新风格流派产生。例如2011年西安世园会中的"万桥园"设计理念是通过"万桥"来比喻人的生命之路和忧愁河上的众桥（图6-79～图6-81）。以"意"表达展览主题具有隐喻性的哲学思想，能引起游览者的沉思（图6-82～图6-93）。

图6-80：2011年西安世园会大师园——"万桥园"
图片来源：http://static.zhulong.com

图6-79：2011年西安世园会大师园——"万桥园"平面图
图片来源：http://project.zhulong.com

图6-81：2011年西安世园会大师园——"万桥园"
图片来源：作者拍摄

图6-82

图6-83

图6-82、图6-83：2012年新加坡花园节上王向荣设计的"心灵的花园"
图片来源：http://www.chla.com.cn

图 6-84：2013 北京园博会大师园——彼得·沃克设计的"有限·无限"
图片来源：作者拍摄

图 6-86：2013 北京园博会大师园——"凹陷花园"
图片来源：作者拍摄

图 6-85：2013 北京园博会大师园——三谷彻设计的"庭之起源"
图片来源：作者拍摄

图 6-87：2013 北京园博会大师园——明园
图片来源：作者拍摄

图 6-88：古画中对于"曲水流觞"的记载
图片来源：http://f.hiphotos.baidu.com

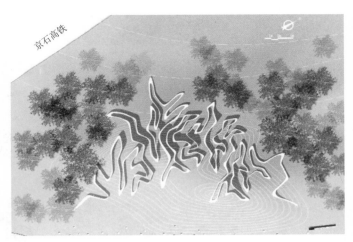

图 6-91：2013 年北京园博会"流水印"作品平面图示
图片来源：http://www.tupain58.com

图 6-89：2013 年浙江某公园古亭下"曲水流觞"景观
图片来源：http://www.tupain.com

图 6-92：2013 年北京园博会"流水印"作品效果图
图片来源：http://www.tupain58.com

图 6-90：2012 年江西某景区"曲水流觞"景点
图片来源：http://www.tupain.com

图 6-93：2013 年北京园博会"流水印"作品实景照片
图片来源：作者拍摄

四、符号、肌理与色彩

符号在展览性园林中的运用主要是一系列视觉符号。视觉符号往往和展览主题相关联，使展览性园林的主题更加具象化，给人以较强的视觉冲击力，强化对展览主题的识别和记忆，引起人们的思考和共鸣。视觉符号一般分为图像符号、指示符号和象征符号。

图像符号一般应用在展览性园林的会徽设计中，另一方面图像符号还体现在以浮雕形式、地面铺装形式所设计的地域文化符号、吉祥图案等（图6-94、图6-95）。

图6-94：2014年青岛世园会"北京园"
图片来源：作者拍摄

图6-95：2014年青岛世园会"广西园"
图片来源：作者拍摄

图 6-96～图 6-98：2011 年西安世园会上的指示符号——标识系统设计
图片来源：作者拍摄

指示符号比较容易理解，就是指标识系统设计（图 6-96～图 6-98）。

象征符号则比较含蓄，这和主题表达中阐述的以"意"表达的方式相联系，有时是以建筑符号，有时以某种物体、事件等符号用象征、比喻的手法表达一种设计理念。比如 2013 年第九届北京国际园艺博览会上的"北京人家"展园就是以代表西城区老北京"四合院"的符号象征，使游客体会到老北京人的全家和乐，安适悠闲的生活场景（图 6-99、图 6-100）。以及在北京园博会大师园中由朱育帆设计的"流水印"演化成一种符号，用"水"这个符号来记录时代的变迁（图 6-101、图 6-102）。

图 6-99、图 6-100：2013 年北京园博会上"北京人家展园"
图片来源：作者拍摄

图 6-101、图 6-102：2013 年北京园博会上"流水印"
图片来源：作者拍摄

肌理存在于事物的表面。对于展览性园林来讲，主要阐述展览空间的肌理。这种展览空间内物理性的表面肌理的光滑、粗糙、冷热、软硬等通过视觉和触觉传达给受众的感受。主要包括展览场所的场地肌理、空间肌理、材料肌理等方面。

展览场所的场地肌理主要是指场地中土壤、地形、植物、山石、水体等最基本园林元素的肌理，这些基本园林元素的肌理对展览空间的肌理影响很大。如 2006 年沈阳世园会中营口园"扬帆远航"的布局设计就是结合场地高差设计一艘"大海船"为主景，耸立的大船，体现"一市两港"的特点（图 6-103）；沈阳园博会上的"大连园"也是结合地形高差在高处设计标志性"灯塔"水体的水垂直流下形成"水帘"，体现了大连滨海城市的特点（图 6-104）。

展览场所的空间肌理主要指园博会总体展览空间的肌理和展园个体空间肌理两个方

图 6-105：2013 年锦州世园会景观大道
图片来源：《锦州世博园大型全景图文集》

图 6-106：2014 年青岛世园会上山东省内展园"聊城园"
图片来源：作者拍摄

面。园博会总体展览空间的肌理受园博会选址的影响。总体空间肌理也体现在总体布局各功能分区之间的空间界面肌理，一般为了整体主题性和整体观赏效果性，各功能分区之间空间界面基本通过植物栽植形成过度空间，植物材料形成的界面起到渗透、软化、链接的作用，总体空间肌理会结合总体布局中景观轴线和观赏路线而形成总体空间的秩序感、节奏感和规律感（图 6-105）。

图 6-103：2006 年沈阳世园会"营口园"
图片来源：作者拍摄

图 6-104：2006 年沈阳世园会"大连园"
图片来源：http://blog.sina.com.cn

展园个体空间肌理主要是由展园空间内景墙、园路等形成的空间形态和构筑物界面所形成的空间肌理。有的园路是折线性，有的通过景墙划分空间，不同展园空间形态、色彩、尺度会形成不同的个体空间肌理，这种肌理丰富了展览个体空间形式和内容。如 2014 年青岛世园会上的聊城园就是通过景墙、地面铺装形式来体现空间肌理的（图 6-106）。

展览场所的材料肌理主要指个体展园空间内所应用的材料不同所产生不同的材料肌理。不同展园中园林小品、建筑物和构筑物、地面铺装等园林材料一般包括混凝土、石材、木材、金属、玻璃、塑料及其他复合材料等类型的材料。混凝土材料的灵活性和可塑性形成粗糙、野性、粗犷坚硬的材料肌理；石材永恒性、坚固性、自然性、装饰性和象征性等特性使石材具有独特的材料肌理（图6-107、图6-108）；木材明显的纹理效果、较好的韧性和弹性、材质轻等特性使木材肌理外观美丽自然、具有亲切和温暖感，天然的纹理和色泽具有较高的观赏性等（图6-109～图6-111）；玻璃材料所具有的透明性、反射性、折射性、极强的可塑性和装饰性等特性，因此玻璃肌理可以直接反映材料本身特性，独特的透明感和明亮感会形成开放、纯净的观赏空间，如2013年第九届中国（北京）国际园艺博览会上的"郑州园"达摩面壁空间的玻璃材料的应用形成的景观效果（图6-112）；2011年西安世园会上的"四合园"利用传统的砖石等材料肌理隐喻四季变化，被赋予了新的内涵（图6-113～6-117）；关于金属材料的应用，2013年北京园博会上彼得·沃克合伙人公司的作品"有限无限"就是充分利用金属材料的"镜墙"倒影反射倒影的效果形成的无限景观（图6-118）。

图6-107：2013年北京园博会"大师园"——雾中屋脊
图片来源：作者拍摄

图6-108：2013年北京园博会"大师园"——雾中屋脊
图片来源：http://www.tupain.com

图6-109～图6-111：2014年青岛世园会"上海园"中的竹材质应用
图片来源：作者拍摄

图 6-112：2013 年北京园博会上的"郑州园"
图片来源：作者拍摄

图 6-113、图 6-114：2011 年西安世园会上
"大师园"——四盒园
图片来源：http://news.zhulong.com

图 6-115：2013 年锦州世园会"非洲园"中的墙体材料
图片来源：作者拍摄

图 6-116：2013 年北京园博会"天津园"中的新材料
图片来源：作者拍摄

图 6-117：2013 年北京园博会"株洲园"
图片来源：作者拍摄

图 6-118：2013 年北京园博会彼得沃克设计的"有限·无限"
图片来源：作者拍摄

图 6-119：2013 年北京园博会上"北京人家"展园
图片来源：作者拍摄

图 6-120：2013 年北京园博会上"忆江南"展园
图片来源：作者拍摄

　　色彩在展览性园林方面的应用非常重要，既然是展览，色彩一般为了引人注目而显得特别突出，如庆典展览、商业展览一般都选择表达喜庆的暖色调，人文展览和综合性园林（园艺）展会都会结合主题确定主色调，这种色彩选择一般体现在标示系统设计方面，尤其是会徽等标识色彩的选择。但是综合性园林（园艺）展会上个体展览空间的色彩往往是结合地域文化进行确定，如 2013 年第九届中国（北京）国际园艺博览会上的"北京人家"展园入口大门的色彩选择红色，展览北京皇家园林特有的色彩（图 6-119），而展会上江南园林的"忆江南"展园的园林建筑均采用江南建筑色彩的"粉墙黛瓦"，展览江

南园林建筑的轻盈、高雅特点（图 6-120）。

　　在植物选择方面，展览性园林一般选择植物色彩多样性，以便于营造色彩斑斓的植物展览空间（图 6-121、图 6-122），如 2013 年锦州世园会上国际展区内的"荷兰园"（图 6-123），在主入口处、景观道路两侧、广场、展览空间节点等重要位置，均有花卉装饰，营造喜庆、欢快、舒适的展览空间环境。

　　在展览性园林中，关于符号、肌理和色彩的应用是综合考虑的，无论是总体布局还是独立展园的展览空间设计，所有设计元素都是统一综合考虑的，这样才能营造出和谐的、美观的、创新的展览空间（图 6-124～图 6-127）。

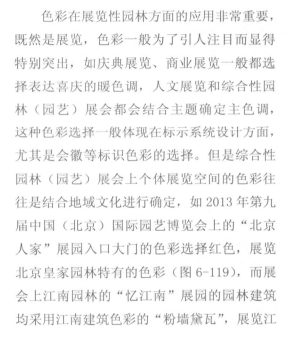

图 6-121：2013 年锦州世园会上"百花园"
图片来源：《锦州世博园大型全景图文集》

图 6-122：2013 年锦州世园会上"锦州园"
图片来源：《锦州世博园大型全景图文集》

图 6-123：2013 年锦州世园会上"荷兰园"
图片来源：《锦州世博园大型全景图文集》

图 6-124：2013 年韩国顺天湾世界园艺博览会
图片来源：http://www.chla.com.cn

图 6-126：2013 年广西第三届园博会
图片来源：http://www.pgma.com.cn

图 6-125：2011 年西安世园会上的"唐山园"
图片来源：作者拍摄

图 6-127：2013 年北京园博会"呼和浩特园"
图片来源：作者拍摄

五、空间与艺术介入

展览性园林的设计本身就是一种艺术作品的设计。展览性园林空间内艺术介入的形式一般是指仪式类活动、巡游表演、固定舞台文艺演出、行为艺术等艺术的介入。

一般展览性园林在展览期间都会有相应的活动，大部分展览都会有开幕式和闭幕式的仪式类活动（图 6-128 ～图 6-131），大型的世界级、国家级的园林（园艺）博览会的艺术介入的形式会更加多样化，除了一般展览性园林的开幕式、闭幕式等仪式类活动外，还有大型的巡游表演（图 6-132）和展览期间安排一定数量的行为艺术、舞台文艺演出（图 6-133、图 6-134）等艺术活动，有时还会有戏曲、杂技、曲艺专项类的文艺演出（图 6-135、图 6-136）。

在园博会上，一些城市展园或国际展园内设有艺术品专柜，出售展园城市或地区的特有艺术品（图 6-137），这也是一种艺术品介入展览空间的形式，丰富了展览园林的内容。

艺术介入展览空间的游乐性和趣味性，渲染了展览的气氛，增加了展览空间的互动性，强化并丰富了展览内容。

图 6-128：2011 年西安世园会开幕式表演
图片来源：http://www.xian.qq.com

图 6-129：2013 年锦州世园会开幕式
图片来源：http://image.baidu.com

图 6-130：2013 年锦州世园会开幕式表演
图片来源：http://image.baidu.com

图 6-131：2014 年青岛世园会闭幕式
图片来源：http://image.baidu.com

图 6-132：2013 年锦州世园会花车表演
图片来源：http://www.1m3d.com

图 6-134：2013 年锦州世园会艺术表演
图片来源：http://www.1m3d.com

图 6-133：2013 年锦州世园会身穿卡通服饰的工作人员
图片来源：http://www.tupain58.com

图 6-135：2014 年青岛世园会文艺表演现场
图片来源：http:// www.nipic.com

图 6-136：2014 年青岛世园会文艺表演
图片来源：http://image.baidu.com

图 6-137：2014 年青岛世园会印度馆内商品售卖部
图片来源：http://www.nipic.com

六、空间边界

所谓的"空间边界"就是展览空间边界
构成的形态与空间之间的界面。

庆典展览、商业展览均为点状布局，展
览空间边界主要是指展览空间周边的建筑、
构筑物的界面。综合性的各级别、各类别的
园林（园艺）博览会的空间边界主要指各功
能分区之间、各主要展区之间的大尺度空间
边界和各展园之间的小尺度空间边界构成
（图6-138～图6-145）。

图6-138：2011年西安世园会上"甘肃园"的边界围墙
图片来源：作者拍摄

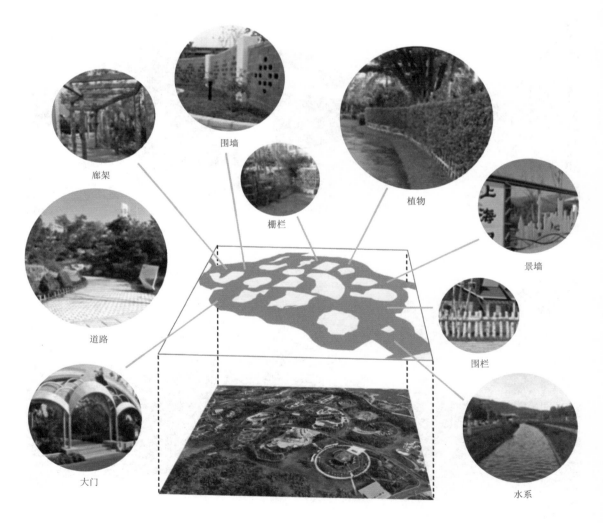

廊架

围墙

棚栏

植物

景墙

道路

围栏

大门

水系

图6-139：园林展中的园区边界空间构成图示
图片来源：作者绘制

图 6-140：2011 年西安世园会上的"唐山园"的玻璃围墙
图片来源：作者拍摄

图 6-141：2011 年西安世园会上展园入口构筑
图片来源：作者拍摄

图 6-142：2012 年河北省首届园博会"沧州园"的边界
图片来源：http://www.jinshijie.cn

图 6-143：2013 年北京园博会"南宁园"围墙
图片来源：作者拍摄

图 6-144：2014 年青岛园博会上的隔离绿篱
图片来源：作者拍摄

图 6-145：2014 年青岛世园会"竹藤园"的竹栅栏
图片来源：作者拍摄

因为园博会的独立性特点，空间边界非常明显。形成独立的展览空间，也就是独立的主题展览区和独立的城市展园等独立展览空间。园林（园艺）博览会的各功能分区之间一般用主轴线的景观大道或主要观赏园路划分，如2014年青岛世园会的国际园和中华园之间就是鲜花大道区和地池水体作为两个展区之间的空间边界（图6-146），绿业园与童梦园草纲园之间是以天水的水系作为展区之间的空间边界的（图6-147）。除了道路、水体作为空间边界外，其他展区之间基本都是植物填充，也就是植物作材料构成展区之间的空间边界（图6-148）。

对于园博会中主题展园、城市展园等展园个体空间之间的空间边界构成形式呈现多样化。展园空间边界的存在保证了展园的独立性。有的是以景墙形式，有的以绿篱形式，有的以栅栏的形式，有的以水景形式，多种多样，都是根据展览主题确定展览空间的边界（图6-149～图6-156）。

图6-147：2014年青岛世园会园区中的"天水"水系
图片来源：作者拍摄

图6-148：2014年青岛世园会中"美国长滩园"的植物边界
图片来源：作者拍摄

图6-149：2014年青岛世园会上的展园边界形态
图片来源：作者拍摄

图6-146：2014年青岛世园会中轴上的"鲜花大道"
图片来源：http://image.baidu.com

图6-150：2014年青岛世园会上的展园边界形态
图片来源：作者拍摄

图 6-151：2011 年西安世园会上的河道边界
图片来源：作者拍摄

图 6-154：2013 年北京园博会上展园边界形式
图片来源：作者拍摄

图 6-152：2011 年西安世园会上的展园景墙
图片来源：作者拍摄

图 6-155：2014 年青岛世园会上的河道边界
图片来源：作者拍摄

图 6-153：2013 年北京园博会上展园的围墙
图片来源：作者拍摄

图 6-156：2014 年青岛世园会上"美国园"
的挡墙边界
图片来源：作者拍摄

附录 1　展览性园林相关网站名录一览表

2013 年荷兰阿姆斯特丹国际花卉园艺博览会官方网站
http://www.hortifair.com

2013 年泰国清迈世界园艺博览会官方网站
http://www.royalparkrajapruek.org

2006 年沈阳世界园艺博览会官方网站
http://www.ln.xinhuanet.com/2006syh/

2010 年台北国际花卉博览会官方网站
http://www.taiwan.cn/zt/twzt/taibeihuabo/

2011 年西安世界园艺博览会官方网站
http://www.expo2011.cn/

2013 年锦州世界园林博览会官方网站
http://shibo.7week.cn/

2014 年青岛世界园艺博览会官方网站
http://www.qingdaoexpo2014.org/

2016 年唐山世界园艺博览会官方网站
http://www.tangshanexpo2016.com/

2011 年第八届中国（重庆）国际园林博览会官方网站
http://www.cqybh2011.com/

2013 年第九届中国（北京）国际园林博览会官方网站
http://www.expo2013.net/

2015 年第十届中国（武汉）国际园林博览会官方网站
http://www.whybh2015.com/

中国花卉博览园官方网站
http://www.flowerexpo.com.cn/

2010 年上海世界博览会官方网站
http://www.expo2010.net.cn/

2015 年第三届中国绿化博览会官方网站
http://news.enorth.com.cn/system/2014/03/05/

2015 年第三届（郑州）国际花卉园艺展览会
http://www.zzhy-expo.com/

2013 年第八届中国（常州）花卉博览会官方网站
http://ide.cz001.com.cn/module/special/content/html/166/

2011 年第七届江苏省园艺博览会官方网站

http://www.jscin.gov.cn/web/jsybh/

2016 年第九届江苏省园艺博览会官方网站

http://www.jsybh.com/

广西园林园艺博览会官方网站

http://www.gxcic.net/Subject/GxyyBlh/

河北园林博览会官方网站

http://hebyby.chinaec.net/

中国洛阳牡丹文化节官方网站

http://www.lymdhh.com/

第三十一届中国（开封）菊花文化节官方网站

http://news.dahe.cn/2012/8100/101660310/

第六届绿色产业国际博览会

http://www.sdsge.com/cn/

2012 第五届中国绿色产业国际博览会

http://www.haozhanhui.com/exhinfo/exhibition_fgenj.html

第十六届海峡两岸花卉博览会

http://www.hxnbh.com/

哈尔滨冰雪大世界官方网站：

http://www.hrbicesnow.com/

中国舟山国际沙雕网

http://www.sand-sculpture.com/

常州春秋淹城官方网站：

http://www.cn-yc.com.cn/en/

杭州宋城官方网站

http://www.songcn.com/SongScenic/

阳关博物馆官方网站

http://www.dhyangguan.com/

中国青州花卉网

http://www.qzhh.org.cn/

2009 中国江南牡丹文化节官方网站

http://www.cnssz.com/09tcmdj/xwnews.asp?newsid=8

2013 上海秋季森林花展官方网站

http://forest.xinmin.cn/

首届上海国际兰展官方网站

http://lan.xinmin.cn/

附录 2 展览性园林相关展会名录一览表

国际部分

世界园艺博览会
世界园林博览会

英国
英国切尔西花展
英国皇家园艺花展
汉普顿宫皇家花展
英国国际绿色建筑展
英国麦克尔斯菲尔德观赏园艺展
英国伯明翰园林园艺展
英国伦敦园林园艺展会

法国
法国肖蒙城堡国际花园艺术节
法国布雷斯地区布尔格国际花卉展
法国拉洛歇尔园林园艺展
法国桑利斯园林园艺展
法国奥尔良园林园艺展
法国第戎国际花卉植物展览会

荷兰
荷兰阿姆斯特丹国际园艺展
荷兰国际花卉园艺博览会
荷兰苗圃园艺展览会
荷兰世界园艺博览会
荷兰佛罗丽阿德花展
荷兰库肯霍夫公园郁金香花展

德国
德国埃森植物花卉及园艺展
德国埃森国际园艺展
德国斯图加特园艺展

德国慕尼黑园林园艺展览会
德国奥尔登堡园林园艺展览会
德国莱比锡园林园艺展览会
德国奥格斯堡园林园艺展览会

美国
美国德州园艺展
美国西北花卉及园艺展览会
美国波士顿园林园艺展
美国明尼阿波利斯园林园艺展
美国华盛顿园林园艺展
美国圣马特奥园林园艺展
美国西北花卉及园艺展览会

加拿大
加拿大多伦多国际园艺展览会
加拿大卡尔加里园林园艺展
加拿大温哥华园林园艺展
加拿大哈利法克斯园林园艺展
加拿大米罗米奇园林园艺展
加拿大蒙克顿园林园艺展

芬兰
芬兰坦佩雷园艺展
芬兰拉赫蒂园艺展
芬兰赫尔辛基园林园艺展

乌克兰
乌克兰基辅园林园艺展览会
乌克兰扎波罗热园艺展览会
乌克兰利沃夫园林园艺

斯洛伐克
斯洛伐克布拉迪斯拉发园艺展

西班牙

西班牙巴伦西亚国际园林园艺展

西班牙瓦伦西亚园林园艺展

西班牙阿利坎特园林植物博览会

西班牙马德里园林园艺展

瑞士

瑞士洛桑家庭及园艺展

瑞士苏黎世园林园艺展

瑞士洛桑园林园艺展

保加利亚

保加利亚索菲亚园林景观及设计展

保加利亚普罗夫迪夫园林园艺展

保加利亚多布里奇园艺植物展览会

瑞典

瑞典延雪平园艺展

瑞典斯德哥尔摩家居园艺展

土耳其

土耳其阿达纳园林园艺展

土耳其亚洛瓦装饰植物和花卉展

土耳其伊斯坦布尔园林园艺展览会

土耳其伊斯坦布尔园林和观赏植物博览会

比利时

比利时根特佛兰芒农业及园艺展

比利时布鲁塞尔花卉和园艺装饰展

比利时迈克伦园艺博览会

比利时列日园林园艺展览会

比利时根特园林园艺展

国内部分

中国国际园林花卉博览会

中国绿化博览会

中国花卉博览会

江苏省园艺博览会

河北省园林博览会

山东省城市园林绿化博览会

江西省花卉园艺博览会

广西园林园艺博览会

宁夏回族自治区园艺博览会

北京菊花展

上海菊花展

新疆（昌吉）菊花节

浙江（杭州）植物园菊花展

浙江（桐乡）菊花节

广东（中山）菊花展

河南（洛阳）牡丹文化节

河南（开封）盆景邀请展

山东（菏泽）牡丹花会

辽宁（大连）国际沙滩文化节

黑龙江（哈尔滨）国际冰雪节

辽宁（大连）旅顺樱花节

浙江（杭州）西湖国际雕塑邀请展

北京"世界公园"

浙江（舟山）国际沙雕节

上海（静安）国际雕塑展

深圳"华侨城"

深圳国际当代雕塑展

云南（鹤庆）盆景展

参考文献

[1] 艾美荣. 赤峰市新城区世博园 [J]. 未知期刊名, 2004 (5): 92-97.

[2] 包良婷. 园林展主题演绎的探索——以 2011 西安园艺博览会为例 [D]. 北京·中国林业科学研究院, 2012.

[3] 陈慕如. 展览艺术设计的特殊表现手段 [J]. 钦州学院学报, 2010 (6): 114-116.

[4] 陈文术. 唤起心底的回忆 注入时代的新意——国际园林展优秀设计作品赏析 [J]. 园林, 2006 (4): 18-19.

[5] 陈亚珊, 赵亚婷, 端木家曈, 江倩, 谷康. 园林展中展览景观的主题性表达——以第八届江苏省园艺博览会滨江展园设计为例 [J]. 风景园林, 2014 (2): 139-142.

[6] 陈奕. 当代展览空间设计研究——兼论世博会展览空间特征及演变 [D]. 上海: 同济大学, 2006.

[7] 陈宇哲. 展览设计的动态设计研究 [J]. 大众传媒, 2004 (133): 79-81.

[8] 崔晨耕. 展览设计中影响视觉的因素 [J]. 上海工艺美术, 2005 (86): 80-83.

[9] 丁斌. 交互与体验——当代展览设计的新概念 [J]. 全球广告标识媒体展专刊, 2004 (133): 12-13.

[10] 董丽, 张云路. 地域文化与旅游景观中的城市展园设计——以 2010 年台湾花博会西安园为例 [J]. 湖南农业科学, 2010 (133): 28-30.

[11] 杜春兰, 姚威丽. 景观规划在大遗址保护展览中的运用——以洛阳隋唐城大遗址保护展览规划研究为例 [J]. 中国园林, 2010 (10): 38-42.

[12] 范正妍. 展览设计中的生态伦理观 [J]. 文化纵横, 2009 (265): 38-39.

[13] 方四文. 展览艺术设计的典型环境手法 [J]. 江苏理工大学学报, 2000 (3): 120-122.

[14] 房昉. 园林博览会规划设计方法与其可持续发展关系的研究 [D]. 北京·中国林业科学院, 2012.

[15] 高凡. 大体系、多环节的当代展览设计 [J]. 视觉前沿, 2004 (133): 68-69.

[16] 谷康, 王志楠, 曹静怡. 从园博会看园林展的规划与设计 [J]. 中国园林, 2010 (1): 75-78.

[17] 顾媛婷. 现代展览设计 [J]. 上美视点, 2004 (133): 43-45.

[18] 关洪丹, 吴小兵. 展览设计的"三大根本因素"[J]. 丹东纺专学报, 1999 (2): 43-44.

[19] 国际园林展园: 彰显个性 荟萃精华 [J]. 园林, 2005 (1): 48-87H.

[20] 海燕. 充满创意、融合自然、科学与艺术——第十三届法国肖蒙国际园林展 [J]. 花园与设计, 2005 (3): 20-21.

[21] 韩斌. 绿色景观与展览设计 [J]. 公共艺术研究, 2000 (98): 54-55.

[22] 韩蓉. 世界展览花园发展概况及中国展览花园现状分析 [J]. 甘肃农业大学学报, 2014 (3): 101-106.

[23] 韩蓉. 世界展览花园发展概况及中国展览花园现状分析 [J]. 甘肃农业大学学报, 2014(3): 101-107.

[24] 韩晓莉, 宋功明. 低碳背景下园博会延安园创作的理念与方法 [J]. 西安科技大学学报, 2010 (6) 755-758.

[25] 郝卫国, 孔祥伟. 城市·展园——折射一座城市的地域性景观 [J]. 装饰, 2014(251): 108-109.

[26] 郝卫国，魏广龙，陈凤华．共生·涅槃——第九届中国（北京）国际园林博览会唐山园设计之忆 [J]．EXPO Park Design，2014（5）：83-87.

[27] 何光磊．遗址公园规划设计理论和方法研究 [D]．西安：西安建筑科技大学，2010.

[28] 何伟．景观设计中地域文化的运用方法研究 [D]．西安：长安大学，2013.

[29] 何雯．展览设计中的新发展 [J]．艺术与设计，2004（133）：46-48.

[30] 贺睿．现代园林展中小尺度空间设计 [D]．湖北工业大学，2013.

[31] 洪菊华，石铁矛．世界园艺博览会主题展园设计初探——以2006年沈阳世界园艺博览会本溪园为例 [J]．现代园林，2004（133）：45-48.

[32] 胡斌．何以代表"中国"中国在世博会上的展览与国家形象的呈现 [D]．北京：中国艺术研究院，2010.

[33] 胡小凯．西安城市遗址公园规划设计研究 [D]．北京：北京林业大学，2011.

[34] 胡秀文，张水泉．太白高山植物园入口迎宾文化景观展览区设计思路 [J]．南方农业，2014（18）：52-53.

[35] 胡以萍．论世博会展览设计的多维表达 [D]．武汉：武汉理工大学，2012.

[36] 华新．2014青岛世园会总体规划方案出炉．动态·花卉，2007（4）：76-79.

[37] 黄德明．2006沈阳世界园艺博览会国内展园特色分析 [J]．华中建筑，2007（6）：127-131.

[38] 黄德明．2006沈阳世界园艺博览会国内展园解析 [J]．园林设计，2004（133）：16-19.

[39] 黄琦．展览设计中关于景观的几个问题探讨 [J]．艺术与设计，2004（133）：103-104.

[40] 黄勇．2005年德国联邦园林展简析 [J]．园林设计，2012（1）：12-16.

[41] 黄涌．世博园景观环境规划设计研究 [D]．同济大学，2006.

[42] 黄圆．浅析中国园林博物馆室外展区种植设计 [J]．北京园林，2013（106）：6-11.

[43] 吉琴．荷风雅韵，传承经典——第26届全国荷花展于上海开幕 [J]．园林，2012（7）：12-15.

[44] 姜涛，杜莹，杨芳绒．郑州绿博会城市展园景观设计与文化表达 [J]．河北工程大学学报，2012（2）：37-40.

[45] 姜群，何人可．信息时代的展览设计研究 [J]．湖南大学学报，2001（2）：142-146.

[46] 蒋维才．商业楼盘售楼处室外景观设计研究 [D]．长沙：中南林业科技大学，2013.

[47] 焦拥军．浅谈展览空间设计 [J]．美术大观，2007（7）：93.

[48] 金晓雯，杨艺红．对展览性园林若干问题的思考——以2011年西安世界园艺博览会唐山展园设计方案为例 [J]．农业科技管理，2012（6）：18-20.

[49] 金云峰，郭蕾．波茨坦德国联邦园林展及其后续发展 [J]．园林，2005（1）：20-22.

[50] 阚玉德．展览空间设计理论及其探讨 [J]．北京建筑工程学院学报，2005（4）：25-58.

[51] 孔锦．展览设计应把握的几个要点 [J]．扬州职业大学学报，2002（3）：18-20.

[52] 黎萃，沈守云，廖秋林，刘哗．园博会中城市展园的主题生成和表达 [J]．现代园艺，2014（3）：79-81.

[53] 黎檬．城市遗址公园设计的初探——以北京城区古遗址公园为例 [D]．北京：北京林业大学，2014.

[54] 李兴．当园林遇见展览设计——2008上海春季花展世博主题花园设计札记 [J]．园林，2008（5）：46-47.

[55] 李朝献. 当代展览设计的发展趋势探讨 [J]. 科技信息，2004（133）：48

[56] 李呈让. 符号与传播——视觉文化视域下的人文展览设计空间 [J]. 设计艺术研究，2014（1）：1-5.

[57] 李呈让. 展览设计在经济社会发展中的演变 [J]. 贵州工业大学学报，2008（2）：155-157.

[58] 李春富，陈雪. 城市景观中的展览设计 [J]. 华中科技大学学报，2006（3）：39-42.

[59] 李芳华. 浅谈中国展览设计的发展 [J]. 新西部，2008（2）：212-213.

[60] 李江，胡敏，张旗. 展览设计构成要素的符号传播分析 [J]. 装饰，2009（194）：141-142.

[61] 李竞. 论现代展览设计的新趋势 [J]. 人文论坛，2004（133）：158.

[62] 李天娇. 园艺类博览园的发展规划研究 [D]. 南京农业大学，2011.

[63] 李伟. 现代展览的空间设计再认识 [J]. 论文选粹，2006（12）：112-113.

[64] 李游，许瑾，张帅. 上海世博会展览设计的几点思考 [J]. 新西部，2010（12）：33-39.

[65] 李媛. 从传播学视域对展览空间的设计研究 [D]. 上海：同济大学，2005.

[66] 李远. 现代展览设计的发展趋势 [J]. 学术论坛，2004（133）：135.

[67] 林菁，王向荣，南楠. 艺术与创新——百年展览花园的生命之源 [J]. 中国园林，2007（9）：14-21.

[68] 林箐，王向荣. Bad Oeynhausen 和 Löhne 2000 年州园林展 [J]. 海外之窗

[69] 林涛，刘长雄. 鹭岛琴韵绿色家园——第五届中国（深圳）国际园林花卉博览会厦门室外展园设计 [J]. 设计新论，2007（4）：113-117.

[70] 刘旸，杨斌，闫晓璐，李洪波. 济南国际园林花卉博览会沈阳园景观设计分析 [J]. 沈阳农业大学学报，2011（3）：365-368.

[71] 刘克成. 小品田园——西安世界园艺博览会灞上人家服务区设计 [J]. 建筑学报，2011（8）：28-29.

[72] 刘岚. 基于感知系统的展览空间设计研究——以博览会展览空间设计为例 [D]. 武汉：武汉理工大学，2012.

[73] 刘顺英. 荷兰世界园艺博览会中国园展园空间设计 [J]. 园林，2012（12）：44-47

[74] 刘顺英. 荷兰世界园艺博览会中国园展园空间设计 [J]. 园林，2012（12）：44-47.

[75] 路江艳. 展览空间艺术设计研究 [D]. 武汉：武汉理工大学，2002.

[76] 罗润来. 展览设计方法系统观 [J]. 艺术设计论坛，2003（124）：27-28.

[77] 罗玉艳. 野生动物园生态展区绿化景观关系研究 [D]. 昆明：昆明理工大学，2011.

[78] 马丹丹. 遗址公园规划设计建设研究——以洛阳隋唐城遗址植物园为例 [D]. 南京：南京林业大学，2012.

[79] 马寰. 体验性展览设计初探 [J]. 艺术科技，2014（133）：264-267.

[80] 马俊峰. 北京2008奥运场馆临时性景观的建设与利用 [D]. 北京：北京林业大学，2011

[81] 马俊峰. 北京2008奥运场馆临时性景观的建设与利用 [D]. 北京：北京林业大学，2011.

[82] 马莉. 西安世界园艺博览会景观特色 [J]. 园林规划与设计，2012（6）：42-46.

[83] 马远. 展览空间设计浅析——以苏州博物馆新馆为例 [J]. 阜阳师范学院学报，2009（1）：144-145.

[84] 马越. 我国花卉展览的植物景观研究 [D]. 北京：北京林业大学，2009.

[85] 孟钺. 浅析展览空间设计的基本原则 [J]. 焦作大学学报，2007（3）：31-32.

[86] 孟兆祯. 西安世界园艺博览会总体设计及中国展园导览 [J]. 园艺花卉博览会，2011（3）：34-38.

[87] 宁旨文，陈德华，章锡龙，匡闯，肖洁舒．深圳·印象第六届中国（厦门）国际园林花卉博览会园博园深圳展园设计[J].风景园林，2007（4）：76-79.

[88] 钱碧红，李克成．基于文化思考的现代展览设计[J].艺术与设计，2008（12）：100-101.

[89] 秦操，吴棣．岭南文化的承载与都市故事的叙说——谈园博会深圳展园设计的切入点与展现面[J].科技与信息，2009（25）：707-708.

[90] 屈海燕，金煜，王君．人工湿地景观中模拟生态空间的建设——以2006沈阳世界园艺博览会人工湿地景观设计为例[J].沈阳建筑大学学报2007（3）：272-277.

[91] 曲薇,陈伯超．沈庭景胜——2006年沈阳世界园艺博览会沈阳园设计[J].规划师,2006（1）：43-47.

[92] 戎艳．上海世博会展览空间设计初探[J].上海工艺美术，2004（133）：36-37.

[93] 单丹丹．展览设计的可持续发展趋势[J].大众文艺，2004（133）：120.

[94] 邵宗博，李晓东，刘永欢．基于"心理感受氛围"营造的地产展览区景观设计[J].现代园林，2012（4）：21-25.

[95] 沈丹，刘扬．第七届中国国际园林花卉博览会设计师展园"核园"设计——基于园林"核"的思索的实践[J].现代园林，2011（11）：29-33.

[96] 沈建鹰，李发兵，许伯明．从北京园博会看园林展的规划与设计[J].城市旅游规划,2013（8）：156-157.

[97] 石磊．中国第七届花卉博览会北京展区室外展园规划设计浅析[D].南京林业大学，2010.

[98] 史清．从世博会看展览设计的发展趋势[J].艺术殿堂，2010（11）：89.

[99] 苏晓．浅谈展览设计中的形式美法则[J].民族论坛，2004（133）：44.

[100] 孙虎．花开花城红似火——第五届中国国际园林花卉博览会广州展园景观设计构思[J].广东园林，2006（1）:31-33.

[101] 孙明阳．世园会展园地域文化景观研究——以2011西安世园会咸阳园为例[D].长安大学，2011.

[102] 孙鸣飞．遗址公园景观设计的模拟展览方法研究——河南商丘宋国故城遗址公园景观设计[D].北京：中央美术学院，2014.

[103] 孙毓．从展览设计专业课程的多元化特性看其未来的发展[J].大众文艺，2004（133）：285-286

[104] 谭靖漪．结构·类型·方法——展览空间设计的理论和方法探寻[J].设计纵横,2004（133）：58-59.

[105] 唐建．现代展览空间设计意识[J].江西社会科学，1988（9）：85-86.

[106] 唐亮元．景观设计中本土化的展览研究——以西安地区景观设计为例[D].西安：西安建筑科技大学，2011.

[107] 唐源远．稻之道——第六届中国国际园林花卉博览会长沙展园模拟景观设计[J].花园与设计，2005（3）：20-21.

[108] 滕晓铂．巴黎：世博文化与城市精神[J].装饰，2010（2）：60-65.

[109] 田夏梦．园博会中城市展园设计探析[D].南京：南京林业大学，2012.

[110] 王芙亭．展览设计观念与现代展览的功能、特征[J].北方美术，2000（1）：38-41.

[111] 王淮桂,常秀芹,梁三斗．传统园林展园[J].园林,2005(1):26-31. [106] 第六届中国（厦

门）国际园林花卉博览会风景园林师园作品展览 [J]. 风景园林，2007（4）：55-71.

[112] 王建芬. 现代展览空间的艺术化探索 [D]. 青岛：青岛理工大学，2012.

[113] 王京晶. "后世博"时代临时性景观的设计探究 [D]. 沈阳师范大学，2013.

[114] 王磊. 论现代展览设计的理性思考 [J]. 设计平台，2007（3）：98-99.

[115] 王向荣，林菁. 鱼塘上的公园与城市新区——2007 中国厦门国际园艺博览会园博园规划 [J]. 城市环境设计，园林，2005（1）：96-101.

[116] 王向荣. 关于园林展 [J]. 中国园林，2006（1）：19-30.

[117] 王欣. 传统园林种植设计理论研究 [D]. 北京林业大学，2005.

[118] 王亚娟. 西安市三环世园期间花卉装饰设计的研究与实践 [D]. 杨凌：西北农业科技大学，2012.

[119] 王燕妮. 信息时代展览艺术设计的新变化 [J]. 成都教育学院学报，2005（12）：64-66

[120] 王燕妮. 展览设计的技术优势 [J]. 大众文艺，2004（133）：58.

[121] 王野. 展览设计空间概念的探讨 [J]. 文化与传播，2004（133）：309.

[122] 巫濛. 从展览设计专业的源头和特性看其未来的发展 [J]. 设计教育，2004（133）：77.

[123] 吴爱莉. 展览设计中的空间意识.——空间与发展展览设计关系浅析 [J]. 设计纵横，2004（133）：56-57.

[124] 吴德兴. 现代展览设计之要点 [J]. 南平师专学报，2007（1）：131-133.

[125] 吴国欣，张婷. 展览·创新 2010 上海世博会展馆展览设计 [J]. 世博专题，2010（22）：22-29.

[126] 吴人韦，苏晓静. 当代德国园林展的风景园林规划策略解析及其启示 [J]. 中国园林，2006（2）：42-49.

[127] 吴雪萍，樊亚妮. "创意"自然 2011 西安世界园艺博览会规划建设评述 [J]. 西安文化遗产与风景园林，2012（2）：59-63.

[128] 伍云秀. 展览设计的整体性 [J]. 艺术空间，2011（2）：145-146.

[129] 夏橹. 2010 年中国台北国际花卉博览会上海展园设计 [J]. 上海建设科技，2011（1）：21-25.

[130] 谢艳虹. 博览会展览空间设计与主题文化的关系研究——以 2010 年上海世博会为例 [D]. 杭州：中国美术学院，2012.

[131] 徐健. 艺术设计符号在展览设计中的运用与发展现状 [J]. 南京工业职业技术学院学报，2008（3）：50-52.

[132] 闫利霞. 论坛展览空间设计的趋势与构成 [J]. 内蒙古科技与经济，2006（22）：47-48.

[133] 闫晓从. 浅谈展览设计的发展过程及前景 [J]. 艺术传媒，2009（2）：261.

[134] 杨波. 展览空间与空间展览 [J]. 新西部，2007（16）：205-207.

[135] 姚世奕. 展览设计的实践教学方法 [J]. 大舞台，2004（133）：190-191.

[136] 于冰沁，王向荣. 浅析中国沈阳世界园艺博览会植物景观特色 [J]. 广东园林，2008（5）：52-55.

[137] 于冰沁，杨辉，王向荣. 沈阳世界园艺博览会景观设计特色 [J]. 园林规划与设计，2009（5）：30-35

[138] 余小荔. 浅析展览设计中的空间问题 [J]. 文化空间，2010（04）：187.

[139] 张立. 展览空间的设计——人为空间的设计方法探寻 [J]. 湖北商业高等专科学校学报，2001（4）：74-75.

[140] 张丽. 花卉博览园规划设计分析及展后利用研究——以中国青州花卉博览园为例 [D]. 山

东建筑大学，2012.

[141] 张莉．浅析展览设计的概念与分类 [J]．人文论坛，2004（133）：161.

[142] 张绍稳，孙平．博览会装饰象征空间创作研究—中国'99 昆明世界园艺博览会花园大道规划设计 [J]．中国园林，1999(5)：12-15.

[143] 张胤．现代城市事件中临时性景观的探索与研究 [D]．北京林业大学，2008.

[144] 章晴方．现代展览设计的发展趋势 [J]．中国美术学院学报，2004（133）：99-101.

[145] 赵兵，陆杏娜，姜仁国．生态、节约、休闲的艺术展现——2011 江苏省园博会连云港展览花园设计 [J]．规划设计实例，2013（3）：51-55.

[146] 赵广英，刘淑娟．人格化空间的营造——2011 年西安世界园艺博览园咸阳展区景观设计 [J]．价值工程，2011（05）：60-61.

[147] 赵杨，鞠晓丹，刘建国．生态之彩，科技之光——沈阳 2006 年世界园艺博览会上海园 [J]．上海建设科技，2007（2）：31-35.

[148] 周倩．植物展览温室景观规划设计 [D]．重庆：西南大学，2008.

[149] 周肖红．日本滨名湖花博会夏季花卉布展的分析和借鉴 [J]．中国园林，2008（7）：81-87.

[150] 朱安妮．浅谈展览设计在社会经济发展中的作用 [J]．价值工程，2012（22）：323-324.

[151] 朱飞．我国展览设计专业本科课程体系研究 [D]．南京：南京艺术学院，2010.

[152] 朱建成，张贺．浅谈展览设计的功能与作用 [J]．学术论坛，2004（133）：134-137.

[153] 朱瑾，陈进勇．切尔西花展 2003[J]．中国园林，2003（11）：9-13.

后　记

2014 年 9 月 22 ～ 24 日期间参观考察了青岛世界园艺博览会，联想到我国自 1999 年在昆明举办世界园艺博览会以来，2006 年在沈阳、2011 年在西安、2013 年在锦州、2014 年在青岛等地 9 年时间内举办了四届世界园艺博览会，次数之多，规模之大，凸显我国展览性园林活动的迅速发展。

在我国举办的几届世界园艺博览会我都考察参观过，同时我国举办国家级的园博会我也考察过几届，因此就产生了编著关于展览性园林设计这方面书籍的念头。

在本书编著过程中，关于展览性园林的内容及其分类，主要是基于对园林（园艺）展作为"临时性景观"和世博会作为"事件性景观"概念的理解而确定的。有不妥之处敬请批评指正。

本书在前期资料收集整理、编写、统稿工作过程中，大连工大艺术设计研究院有限公司的姜震、宋丹丹、王彬等做了大量工作，正是有他们的积极参与，才使本书顺利完成。在文献资料整理、图纸绘制、文字校对等过程中，大连工业大学园林景观设计研究所的硕士研究生王妍、夏静、王楠、李秀丽、吴思颖、李慧等参加了部分工作，同时在编写过程中多次得到李睿煊副教授的建议，在此表示感谢。

本书在编写过程中以"系统性、艺术性、实用性相结合"为目标，力求做到图文并茂，尽量做到理论与实践性相结合。书中除了作者自己拍摄的照片外，有的图片是从"百度图片"中下载的，若有使用不当的在此向有关作者表示歉意。

最后，希望这本书能给更多的设计师和园林（园艺）爱好者带来方便，也更加期待从事园林景观设计的前辈、专家以及同行提出宝贵意见。

编者

2015 年 4 月 2 日